攀西钒钛磁铁矿共伴生资源及利用

刘亚川　丁其光　徐　明　编著

北　京
冶　金　工　业　出　版　社
2014

内 容 提 要

本书在概括介绍攀西钒钛磁铁矿矿区地质背景、岩体特征以及资源开发利用现状的基础上，对该地区四大矿区采集的各类型原矿、脉石、各种选矿产品及尾矿等代表性样品进行了多元素化学分析和必要的岩矿鉴定工作，获得了大量原始性数据，系统地反映了主要共伴生元素在不同样品中的含量与分布规律。本书结合现有钒钛磁铁矿的生产工艺和国内同类共伴生资源的提取利用技术及相关回收利用工艺，分别按铁、钛、钒、铬，钴、镍、铜、硫，钪、镓、锗、砷、镉，铂族、稀土及硒、碲、铋、铟等进行分析探讨，对它们回收利用的可能和潜力分别作出了预测；最后对共伴生资源如何科学合理利用以及探索研究方向等提出了建议。

本书为攀西地区钒钛磁铁矿资源的宏观管理、决策和规划人员决策提供了基础信息，也可供从事矿产开发、研究、设计以及教学工作的人员阅读参考。

图书在版编目（CIP）数据

攀西钒钛磁铁矿共伴生资源及利用/刘亚川，丁其光，徐明编著. —北京：冶金工业出版社，2014. 3

ISBN 978-7-5024-6180-5

Ⅰ. ①攀… Ⅱ. ①刘… ②丁… ③徐… Ⅲ. ①钒钛磁铁矿—共生矿物—资源利用—研究—四川省 ②钒钛磁铁矿—伴生矿物—资源利用—研究—四川省 Ⅳ. ①P578. 4

中国版本图书馆 CIP 数据核字（2014）第 043453 号

出 版 人 谭学余
地　　址 北京北河沿大街嵩祝院北巷 39 号，邮编 100009
电　　话 (010)64027926 电子信箱 yjcbs@ cnmip. com. cn
责任编辑 廖 丹 程志宏 美术编辑 吕欣童 版式设计 孙跃红
责任校对 郑 娟 责任印制 李玉山
ISBN 978-7-5024-6180-5
冶金工业出版社出版发行；各地新华书店经销；北京慧美印刷有限公司印刷
2014 年 3 月第 1 版，2014 年 3 月第 1 次印刷
169mm×239mm；7. 5 印张；142 千字；107 页
25. 00 元

冶金工业出版社投稿电话：(010)64027932 投稿信箱：tougao@cnmip. com. cn
冶金工业出版社发行部 电话：(010)64044283 传真：(010)64027893
冶金书店 地址：北京东四西大街 46 号(100010) 电话：(010)65289081(兼传真)
（本书如有印装质量问题，本社发行部负责退换）

前　言

攀西地区钒钛磁铁矿的开发利用已取得举世瞩目的成就，开采量随着国家的需求迅速增加，目前年总采矿量已超过4000万吨。随着资源储量的不断大量消耗，矿石中丰富的共伴生资源的利用问题日益受到人们的关注。目前，用于对共伴生资源进行研究、决策或规划、布局的相关基础性资料仍非常缺乏，开展各矿区共伴生组分综合利用潜力调查和研究，获取相关基础信息，成为当前攀西地区钒钛磁铁矿开发利用规划、决策及进一步开展地质勘查等工作的迫切需求。具体体现在以下几方面：

1. 各矿区大多都缺少矿石中共伴生组分的分布、含量等基础资料。

攀西钒钛磁铁矿是我国特有的特大型共伴生多金属矿产资源基地，是集铁、钛、钒、铬及重要稀土、贵金属矿产的巨大宝库。由于我国对铁矿资源大量需求，过去工作的重心一直放在攻克铁、钛、钒的回收利用问题之上。又由于大多共伴生组分分别赋存于多种矿物中，矿石品位低，一般都达不到工业指标及综合评价要求，故当时未作评价要求；个别共伴生组分因总量大，过去计算并提交了储量，但按当时的技术和市场条件，相应储量未得到国家储量管理部门的批准。

直至2011年我们开展此项调研工作之前，攀西钒钛磁铁矿对钴、镍、铜、铬只做过初步查明；对镓、钪、硒、碲、铂族元素及硫、磷等只进行过少量的研究工作。锗、镓、铈、钇、铟、硒、碲、锡等只有个别样品的半定量光谱分析结果；钪有部分测试数据；铂族没有正规分析资料。大多数微量共伴生组分没有做过物质组成研究，相应的基础资料非常缺乏。

在高新技术产业飞速发展的知识经济时代，一批曾经为攀西钒钛磁铁矿作出过重要贡献的老科技工作者、老专家以及现在正在从事矿业开发的各方面人士十分关注这一得天独厚资源的科学利用问题，他们迫切希望能从这个资源宝库中提取更多所需的资源。因此开展攀西钒钛磁铁矿共伴生资源利用潜力调查，弥补以往缺失的数据资料，非常有必要并具有深远意义。

2. 对共伴生组分可利用潜力进行科学、客观评价，是影响攀西钒钛磁铁矿开发利用宏观决策的关键因素。

攀西钒钛磁铁矿开发利用的主导方向问题始终受到关注。不少专家认为现在的开发方式是“拣芝麻，丢西瓜”，浪费资源，这是一个重大的现实问题。要回答“芝麻”与“西瓜”问题，必须以缜密的基础资料作为依据，即需要进行科学的调查与分析。

矿床中各有益共伴生元素的实际利用价值，不仅取决于它们在矿石中的含量和数量，还取决于它们回收利用的技术、成本、市场需求等方面的可行性。如矿石中镓的储量约有11.6万吨，但在工艺过程中走向很分散，难以有效回收；钪可以部分回收，价格昂贵，却没有商业用途，有价无市；红格矿区的铬可以同钒一起得到富集，虽含量不高却有利用价值。

因此，获取这些基础资料，并用现代科技对各种共伴生组分进行综合利用潜力分析评价，就成为新形势下对攀西钒钛磁铁矿开发利用进行宏观决策不可缺少的基础性工作。

3. 查明重要共伴生组分在各矿区的基本分布规律，可为资源综合利用的合理布局提供基础依据。

攀西钒钛磁铁矿中共伴生有益组分在各矿区或同一矿区不同矿带中的分布很不均匀，一种元素在不同矿区或不同矿带中的含量可以相差很大。比如铬的含量以红格矿区为最高，而红格矿区又以北矿区和南矿区的马松林矿段为最富，具有工业回收价值，资料表明其余矿区都有铬存在，但含量相对较低，回收利用难度大，显然对铬的综合利用的设计与布局必须遵从其空间分布的规律，其他共伴生组分亦然。目前除钛、钒、铬以外，其他大部分共伴生组分在各矿区中的分布富集状况仍不清楚，非常缺乏基础分析测试数据。在以往工作的基础上，通过进一步的调查工作，采集必要的样品，进行相对详细的分析测试，尽可能查明重要共伴生组分的分布规律，方可为各矿区资源综合利用的宏观布局提供重要的依据。

4. 共伴生组分综合利用潜力评价对日后长期的综合勘查工作有借鉴作用。

通过对现有资源中共伴生组分综合利用潜力进行调查，基本总结出攀西钒钛磁铁矿共伴生资源的赋存规律和回收利用的可能与限度，对今后地勘工作的综合勘查 、综合评价有重要的参考价值和借鉴作用。

因此，利用目前地质保障工程提供的机会，对攀西钒钛磁铁矿共伴生组分综合利用潜力开展调查研究工作，满足新形势下宏观决策和合理规划布局的需要，为矿山企业的生产安排提供引导是非常必要的。

经中国地质调查局研究审查批准，此项工作以“攀西钒钛磁铁矿共伴生资源高效利用潜力调查”为题列入地质调查计划项目“复杂难选冶矿产资源综合利用技术研究”中。项目目标任务是：“决定用两年时间对攀西四大矿区中重要的共伴生组分进行实地调查，通过对采集矿石样品进行分析测试、岩矿鉴定工作，对攀西钒钛磁铁矿重要共伴生组分回收利用的可能和潜力进行预测，对开发钒钛磁铁矿中重要共伴生矿产综合利用方向提出建议。为实现合理利用攀西钒钛磁铁矿资源的决策与布局提供基础依据，为矿山企业的生产安排提供引导”。

此项工作收集了大量的相关资料，采集了各矿区数十件原矿、岩石、选矿产品、尾矿等样品，进行了共伴生元素的分析测试和重要共伴生组分的岩矿鉴定工作，力求保证样品采集的类型和空间分布的覆盖性，以真实反映攀西钒钛磁铁矿的属性和现状。

采集的样品以攀西钒钛磁铁矿四大矿区的为主，包括各主要矿段的原矿和主要的含矿岩石类型，各矿区选矿生产中的铁、钛精矿，尾矿样品。项目工作随进程而彰显的重要意义，激发了研究人员的责任心和积极性，使采集的样品比原计划多出一倍，并对每件样品都进行了20多项共伴生元素的多项分析。对钛等有独立矿物的共伴生组分进行相应的岩矿鉴定，对大部分低含量、缺少独立矿物的稀有、稀散元素尽可能通过分析测试查明其分布规律。矿石样品的岩矿鉴定工作由周满庚、李潇雨、王越等完成，分析测试由肖靖、雷勇、赵朝辉、黄立伟等完成。在此基础上分别按照各种共伴生元素含量、分布和富集趋势，参照国内相关矿产资源及选冶技术发展水平，对其回收利用的方向和潜力作出了简要的评价，并编撰成本书。书中按共伴生组分的特性将共伴生组分分为几组，将其含量、分布等基础信息和物质组成特点、回收利用方向与潜力的研究结果和建议意见叙述于各个章节中。相信本书的出版将会引起有关方面人士对攀西钒钛磁铁矿中共伴生资源的状况和科学合理利用问题的广泛关注，达到抛砖引玉的目的。

本书所探讨的攀西钒钛磁铁矿共伴生资源，涉及面广，专业性强，尤其是采集各大矿区的各类样品十分不易。幸运的是，此项工作得到攀枝花市市领导和攀钢集团矿业有限公司、四川龙蟒集团有限责任公司、重钢西昌矿业有限公司、四川安宁铁钛股份有限公司以及四川省地矿局106地质队等单位的大力支持。赵辉、谢琪春、毛胜光、刘道义、吴亚梅、郑涪麟、田春秋、刘玉书、田小林等不仅在样品采集方面鼎力相助，而且在对目前攀西钒钛磁铁矿的开发利用现状和技术发展水平的认识方面给予我们具体的指导，使我们受益匪浅。

本书编写过程中得到胡泽松、陈炳炎、熊述清、廖祥文、张裕书、杨耀辉等领导和专家的指导和帮助，冶金工业出版社的领导和编辑为本书稿的审定、出版作了深入细致、卓有成效的工作，在此一并向他们表示衷心的感谢！

由于作者水平有限，书中难免出现不妥或不足之处，恳请广大读者批评指正。

作　者

2013年12月

目　录

第1章　攀西钒钛磁铁矿区域地质概况

1.1　矿区自然环境

攀西地区位于四川西南腹地，是攀枝花和西昌两市合称。项目研究区域北起西昌市礼州镇，南至会理县通安镇，西抵攀枝花市西区，东与会东县为邻，包括西昌市、德昌县、会理县，攀枝花市西区、仁和区、米易县、盐边县。地跨东经101°35′00″~102°26′00″，北纬26°21′00″~28°04′00″，面积1.38万平方公里。

区域内东为四川盆地及盆缘山地，西为川西高原，水系发育，河流众多，主要为长江上游和其支流。金沙江及其支流为本区东南部提供水源，中部则有安宁河贯穿而过，雅砻江及其支流成为该区北部和西部的主要水域。河谷地带气候较为炎热，两岸高山区气温较低，年均气温为10~19℃，昼夜温差较大，降水较为丰富，主要集中于6~10月，年降水量位于816~1750mm，干湿两季分明。受东南、西南和高原季风影响，气候较为复杂多变，具亚热带气候特征。

区内交通十分便利，道路纵横，京昆高速贯穿全境，成昆铁路、108国道、214省道、西攀高速等多条重要的交通干线从区内并排贯穿而过，攀西钒钛磁铁矿矿区交通位置图见图1-1。

1.2　矿区地质背景

研究区域东部及中部位于扬子陆块与松潘—甘孜活动带的西南结合部，西邻三江造山带。康滇地块（康滇地轴）贯穿于本区中部，主要呈南北向构造线展布，全长720km、宽160km，南端为红河断裂截断，其北止于宝兴附近，被印支期褶皱掩覆，安宁河断裂带仅相当于川滇构造带的北段四川境内部分。

区内新构造运动强烈，主要形成一系列以北西~北西西向为主的断层、南北向断裂的活化、强烈的差异升降，它一方面形成了独特的山谷地貌，提供了丰富的生态旅游资源的载体，另一方面控制了第四纪断陷盆地的形成和展布，同时控制了西昌—宁南、盐源—宁蒗一带强烈的现代地震活动。研究区域大地构造位置示意图见图1-2。

攀西及相邻地区面积有7万平方公里，成矿地质条件相当优越，矿产资源储量丰富，从整个川滇南北向构造带上看，在北段有驰名中外的纤长质优的巨型石棉矿床，南段有我国著名的泸沽富铁矿，盐边冷水箐，会理力马河铜镍矿，会理

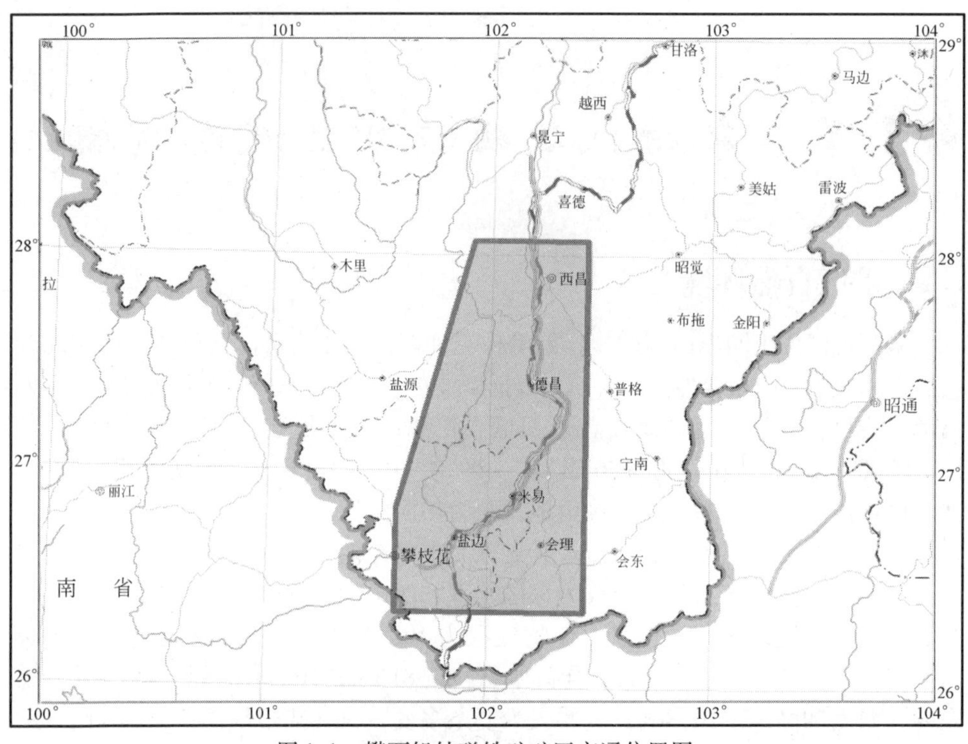

图1-1 攀西钒钛磁铁矿矿区交通位置图

拉拉铜矿，天宝山、大梁子铅锌矿以及东川式层状铜矿等有色金属矿产地。

攀西钒钛磁铁矿赋存于两个杂岩带的层状基性-超基性岩体中。东支分布在安宁河、昔格达-元谋断裂挟持的狭长地带内，呈南北向带状展布，自北向南分别产出太和矿区、白马矿区和红格矿区。西支沿北东向攀枝花断裂分布，产出攀枝花矿区。四个矿区组成了著名的攀西钒钛磁铁矿带。四大矿区分布图见图1-3。

攀西地区除蕴藏大量的钒钛磁铁矿和伴生共生矿外，还有富铁、铜、锡、镍、铅、锌、磷、蓝石棉、金、煤等矿产资源，这些资源探明的储量在我国都占有一定地位。区内已发现矿产计有55种；已探明储量的有44种，找到矿产地1600多处，其中已证实为大型的

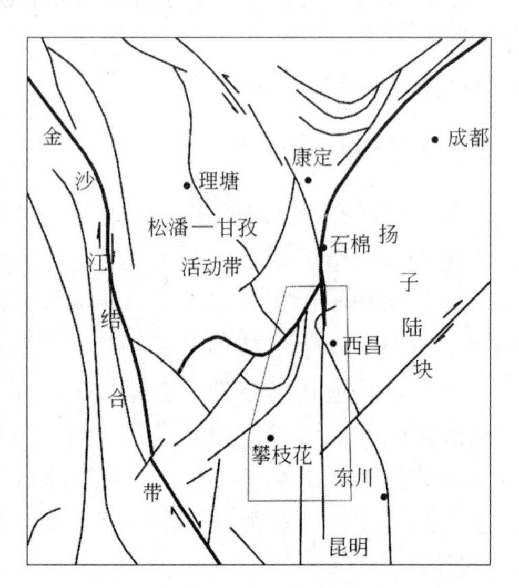

图1-2 攀西地区大地构造位置示意图

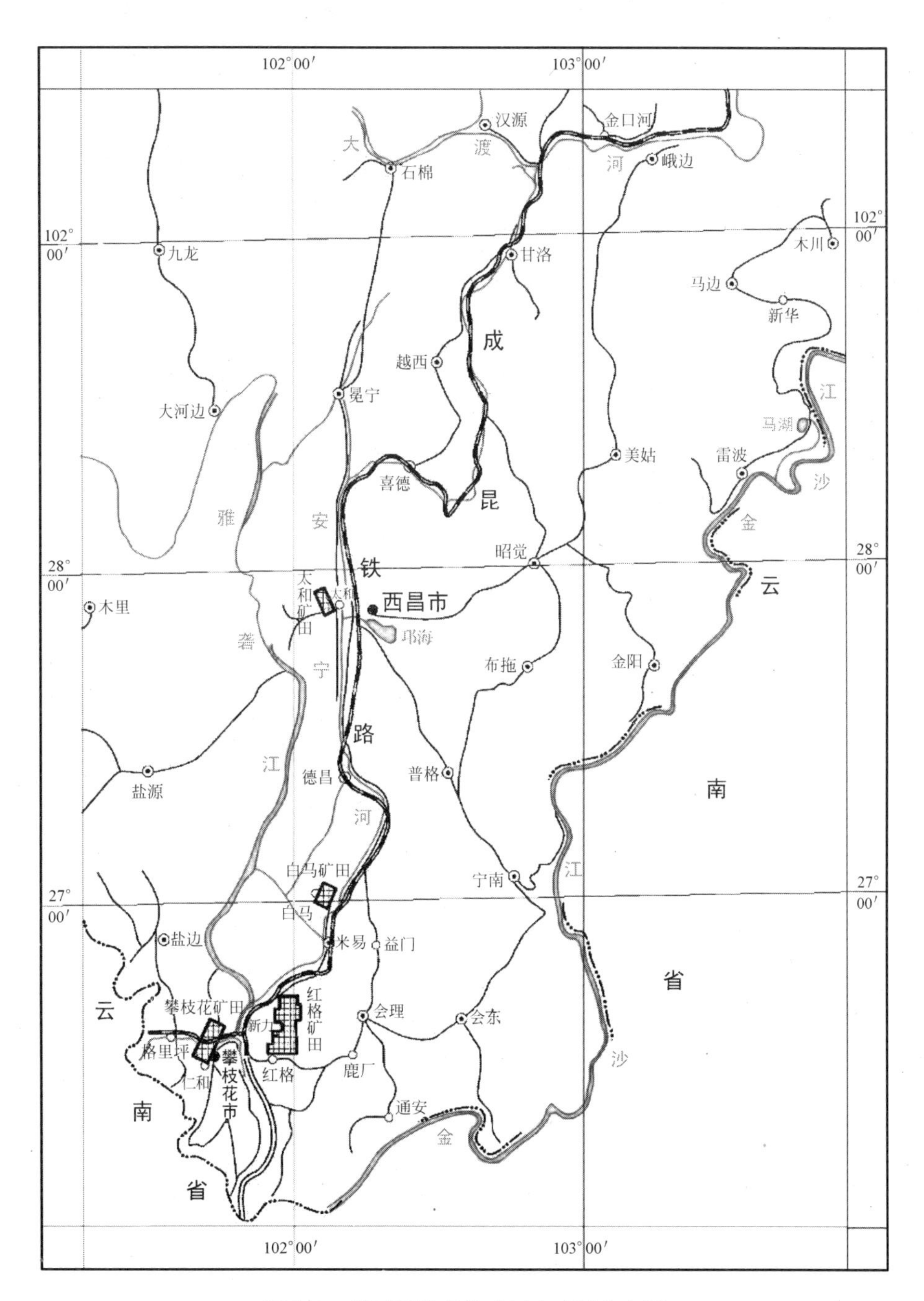

图 1-3 攀西钒钛磁铁矿四大矿区分布图

37 处，中型 60 处。攀西地区不仅是构造、岩浆与沉积作用多期交替成矿的典型成矿带，而且也是四川的重要矿产区和我国为数不多的主要矿产区之一。

第2章　资源特点及利用现状

2.1　含矿岩体的产出特征与分布规律

攀西地区含钒钛磁铁矿的基性超基性岩体，由于严格受深大断裂的控制，绝大多数均产于安宁河断裂带西侧与昔格达断裂带所限的狭长地带，此带由北往南包括太和、巴洞、白马、安宁村、白草、马鞍山、中干沟等较大的含矿岩体以及其他一些较小的含矿岩体，另有少部分含矿岩体（以攀枝花为代表），出现在雅砻江断裂带与云南永胜、宁蒗交接复合部位。

现存岩体的产状一般表现为单斜层状浸入体，偶见岩盆、小岩株。在平面上，几乎所有的岩体均呈不规则的长条状。岩体的产状要素，凡属基性超基性岩体者，因受南北向一级构造控制，岩体多为南北向伸延，倾西或倾东；属基性岩体者，因常受北东次一级构造控制，岩体走向北东30°~60°，或者近于东西，倾向北西或南东。岩体的倾角有10°~80°不等，通常为40°~60°。

不少岩体与底板或顶板围岩呈“整合”状接触，属顺层浸入体。在太和岩体中，尚见有大量薄层状圈岩的俘虏体，其产状与岩体的流状或层状构造一致。这些相互关系说明，不仅断裂对岩体的产出起控制作用，而且围岩的褶皱构造及层面间隙对岩体的产出形态也具有明显的控制作用。

岩体的规模一般长度为1~24km，宽度为0.4~0.5km，面积为0.4~50km²。较大的含矿岩体经勘探证实延深在600~1000m以上并未见薄。

岩体浸入时代能够直接见到的相互关系是，含钒钛磁铁矿的基性超基性岩体往往浸入到上震旦系灯影组，少数岩体与前震旦系上部的浅变质岩呈浸入接触。对攀枝花、白马、太和、红格等主要含矿岩体测得绝对年龄值为3.34亿~3.75亿年，故属华力西期的产物。多数岩体的围岩是上震旦系灯影组的白云质灰岩，个别岩体如白马岩体的围岩是前震旦系上部的大理岩和板岩。

岩体按岩石组合特征可划分为基性超基性岩体、基性岩体与超基性岩体三种类型。基性超基性岩体以白马、红格、白草、安宁村等岩体为代表，在其岩体内，由于岩浆分异作用形成一系列基性岩与超基性岩。基性岩主要是辉长岩；超基性岩包括橄榄岩、橄辉岩、辉石岩、辉橄岩、纯橄榄岩等。岩体自下而上总的变化趋势是基性程度逐渐降低。在基性超基性岩体中，钒钛磁铁矿多数分布在超基性岩内，并且铬、镍、铜等伴生组分的含量较高。基性岩体以攀枝花、太和、巴洞等岩体为代表，其主体是各种形式的辉长岩，包括富磷灰石的辉长岩等。岩体自下而上也具有基性程度逐渐降低的趋势。钒钛磁铁矿主要产于岩体的中下部。超基性岩体在两种情况存在：一种是某些基性超基性岩体可能属多期次浸入的复合岩体；另一种是因剥蚀只见有超基性岩。超基性岩体含矿性的差异较大。

岩石化学特征最突出的特点是富铁、钛，二氧化硅不饱和及含氧化钙高。经岩石化学计算，超基性岩的镁铁比值（*M/F*）为1.4～2.5，基性岩中辉长岩的*M/F*值为0.6～1.2，橄榄辉长岩和橄长岩的*M/F*值为0.8～1.9。故含矿母岩应为铁质、富铁质超基性岩与铁质基性岩，其含二氧化钛通常可达1.43%～4.90%，显然高于一般值。基性岩含氧化钙为7.75%～16.95%，多数大于12%，与我国和世界辉长岩含氧化钙的平均值8.27%和10.98%相比较，本区辉长岩含氧化钙高出较多。攀西地区构造体系与含矿岩体分布见图2-1。

2.2 主要含矿岩体的地质特征

2.2.1 攀枝花岩体

攀枝花岩体为走向北东、倾向北西的单斜层状浸入体，大致“整合”地浸入在震旦系灯影组白云质灰岩中，见图2-2和图2-3。灯影组白云质灰岩构成岩体的底板围岩，接触带已发生明显的大理岩化、镁橄榄石化和蛇纹石化等。岩体上部与上三叠系地层和部分正长岩呈断层接触。此断层走向与岩体走向基本一致，但倾向相反。岩体的产状要素为：走向北东45°，沿走向延伸达19km，宽度为1～3km，面积约为38km^2；倾向北西，倾角30°～70°；岩体厚度为2km左右。绝大部分矿体产于岩体下部的岩相带内。经钻探证实，攀枝花岩体及矿体沿倾料方向延伸近1000m未见变薄。

攀枝花岩体东北向西南依次划分朱家包包、兰家火山、尖包包、例马坎、公山、纳拉箐等六个矿段。岩体内流状与层状构造发育，其产状大体上与岩体底板的产状一致。后期断裂有三组，一组为走向北东的逆断层；二组为走向南北的平移断层；三组是走向北西的横切断层。其中南北向平移断层把岩体和矿体分隔错断。上述六个矿段的划分就是以此组断层为界的。

攀枝花岩体自上向下按岩石特征和含矿性的差异，可划分为五个岩相带与含矿带，见表2-1。整个攀枝花岩体虽然以基性岩占绝对优势，但岩体的分异现象仍清晰可见。

（1）岩石的组成，除底部边缘带之外，其他岩石带明显组成两个旋回型层状构造，即由下部含矿带与下部辉长岩相带组成第一旋回；由上部含矿带与上部辉长岩相带组成第二旋回。每一旋回的底部均能见到薄层超基性岩，并且每一旋回均显示出向上斜长石增多，向下铁钛氧化物与铁镁矿物逐渐聚集增多的趋势。

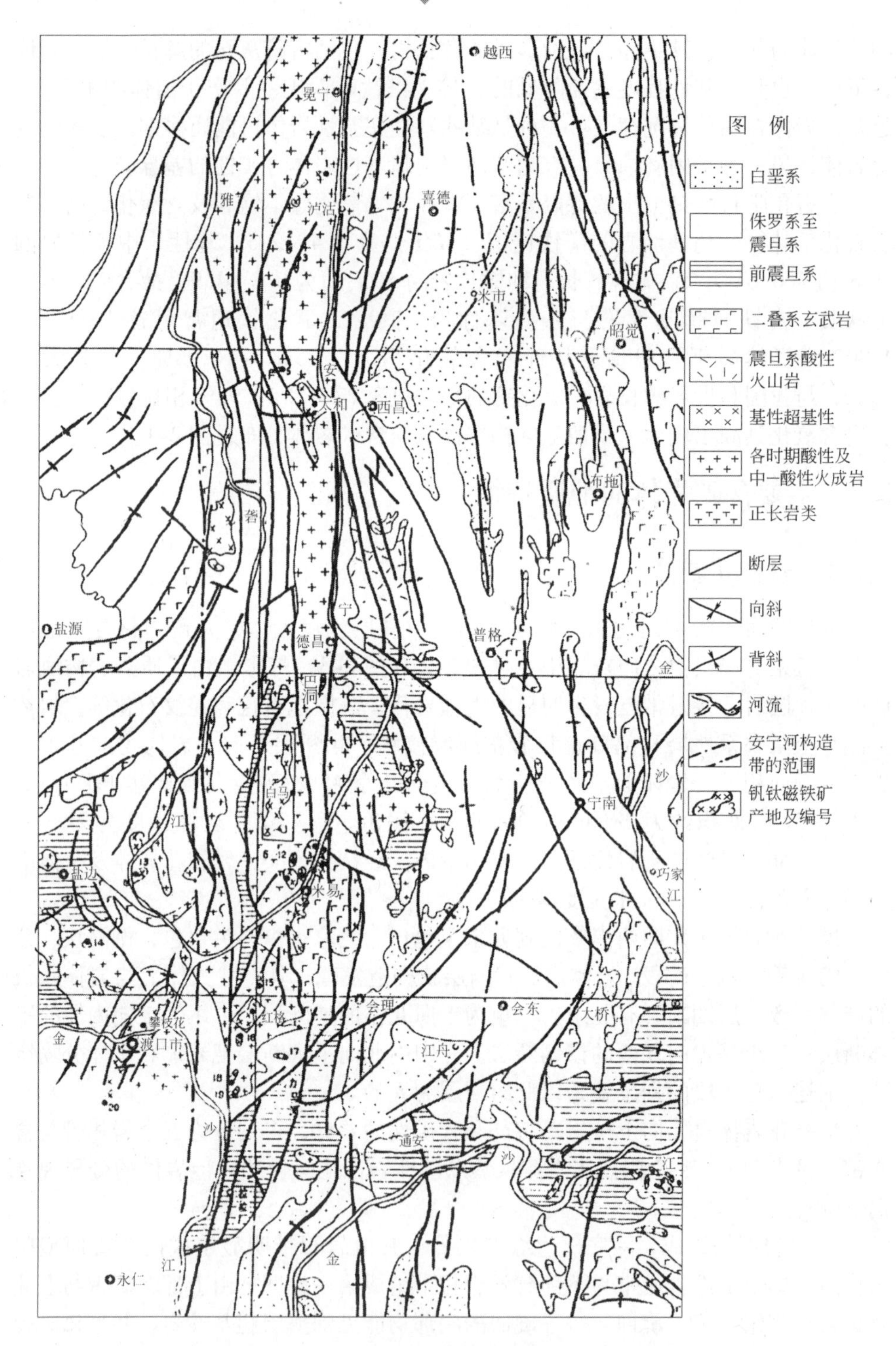

图2-1 攀西地区构造体系与含矿岩体分布图

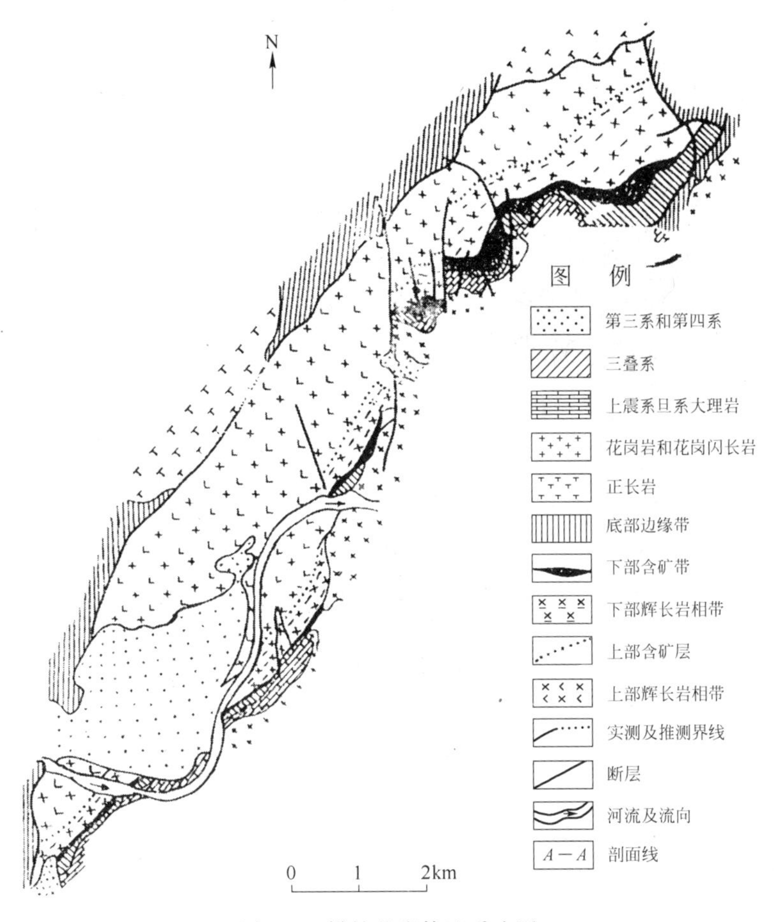

图 2-2 攀枝花岩体地质略图

（2）整个岩体的辉长岩变化有一定规律。上部主要是浅色辉长岩，铁镁矿物小于35%，斜长石数量为70%左右，极少出现橄榄石；下部主要是辉长岩与含橄辉长岩，铁镁矿物略有增多，一般为30%~45%，斜长石量为35%~70%。橄榄石量虽少，含量5%，分布普遍，底部边缘带主要是暗色细粒辉长岩与橄榄辉长岩。钛镁矿物增加到60%左右，橄榄石分布普遍并往往较多。

由于岩体的分异作用与岩浆流动同时进行，因此，反映出各岩相带、含矿带的分布，与流状构造或层状构造的产状是一致的。矿体的形成又因特别强烈地受重力作用的影响，致使绝大部分矿体富集产于岩体的底部边缘带上，构成下部含矿带。含矿带平均厚达210m，含矿率为65%，自下而上包括Ⅸ、Ⅷ、Ⅶ、Ⅵ、Ⅴ、Ⅳ共六个矿带，各矿带呈层状或似层状，延续性好，品位富，尤其Ⅷ和Ⅵ矿带含矿极高，有巨大工业价值。只有少数较贫的矿体分布层位较高，构成上部含矿带。

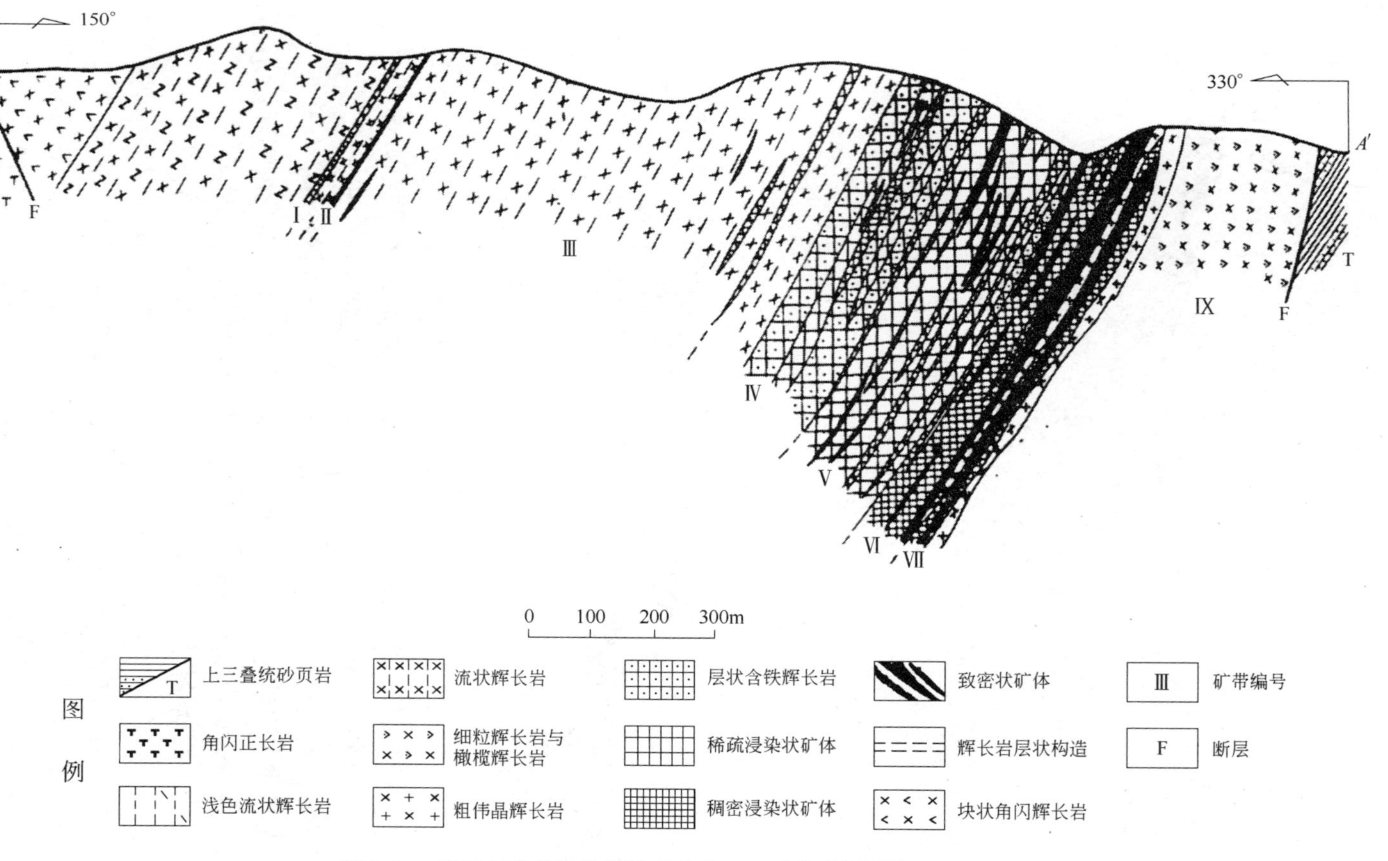

图 2-3 攀枝花岩体钒钛磁铁矿矿床 *A*—*A*′ 地质剖面图

表 2-1 攀枝花岩体综合柱状表

序号	岩相带或含矿带	厚度/m	自下而上累计厚度/m	岩矿石花纹	岩矿石简述	含矿性	矿带编号
1	上部浅色流状辉长岩带	500 ~ 1500	3090		顶部为中粒块状岩石，向下逐渐过渡而具有流状结构，浅色矿物含量大于60%，暗色矿物有时钛闪角石较多，下部有时见稀疏矿物条带，偶夹矿条	不含矿	
2	上部含矿带	10 ~ 120	1570		以含铁辉长石为主，夹辉石型稀浸矿石，后者厚数米至数十米。此带岩石最显著的特点是橄榄石相对钛普通辉石常呈它形，与氧化物伴生的磷灰石达5% ~12%	含矿性差，品位不高，矿体不厚但矿层比较稳定	Ⅰ，Ⅱ
3	下部流状、条带状辉长岩相带	166 ~ 600	1470		流状构造发育，以辉长岩为主，夹有斜长岩和橄榄长岩，下部夹浸染状矿石条带，并且暗色矿物与浅色矿物常相互呈带状分布。向下为逐渐过渡关系	局部含矿，品位不高，矿体厚仅数米	Ⅲ
4	下部含矿带	30 ~ 240	870		为流状辉长岩与橄榄辉长岩，多具稀矿化，夹有橄辉岩型及橄榄岩型中浸矿石	以表外矿为主，厚度大，夹中贫矿石	Ⅳ
		20 ~ 110	630		上部以富含辉石的条带状辉长岩为主，夹辉长岩；下部为稠浸-稀浸矿石与含铁辉长岩、辉长岩互层	含矿性中等，品位中等，矿体较厚，延深大	Ⅴ
		6 ~ 66	520		致密块状及稀浸矿石，夹石少	含矿性好，品位高，矿体厚，延深大	Ⅵ
		0 ~ 50	460		中粗粒流状辉长岩为主，夹条带状及浸染状矿石，含硫化物局部达5% ~10%，偶达10% ~20%	含矿性差。含矿率30%	Ⅶ
		0 ~ 60	410		顶部有时出现中粗粒斜长岩，主要为致密块状-稠浸矿石，夹中粗粒辉长岩，夹含长辉石型与含橄榄石岩型浸染状矿石。底部常有厚数米橄榄岩、橄辉岩	含矿性差，品位高，矿体厚，延深大	Ⅷ
		0 ~ 50	350		粗粒辉长岩，夹浸染状矿石，含硫化物常达0 ~10%	含矿性差，品位及厚度变化均较大	Ⅸ

续表 2-1

序号	岩相带或含矿带	厚度/m	自下而上累计厚度/m	岩矿石花纹	岩矿石简述	含矿性	矿带编号
5	底部边缘带	10~300	300	«×«×« ×««× «×«×« ×««× «×«×«	以细粒、中细粒辉长岩、橄榄辉长岩为主。暗色矿物占60%左右，愈向岩体内部，流状构造愈明显，含矿性很差。底部与大理岩接触处为角闪片岩	不含矿	

2.2.2 白马岩体

白马岩体走向南北长达24km，宽2~2.5km，面积约为50km²。岩体向西倾斜，倾角50°~70°，延深在1000m以上，见图2-4、图2-5和表2-2，岩体北端与前震旦系大理岩及板岩呈浸入接触。在岩体东部，沿岩体底侧边缘有后期粗晶、伟晶辉长岩和粗晶钠正长岩相继浸入。在岩体西部和南部，有规模更大的碱性石英正长岩沿南北方向浸入分布，对白马岩体已产生强烈的破坏。

白马岩体有显著的分异作用，岩体上部是闪长岩类，中部是块状辉长岩与流状辉长岩，下部是流状橄榄辉长岩、橄长岩夹橄榄岩、斜长橄榄岩与橄辉岩等。岩石的基性程度自下而上的总趋势是逐渐降低，并且造岩矿物与铁钛氧化物的粒度也相应变细。钒钛磁铁矿主要赋存在岩体下部的层状超基性岩和橄榄辉长岩、橄长岩内。形成大规模的浸染状和条带状矿石。矿体呈层状、似层状或透镜状。在整个含矿带内，又可看出斜长石与普通辉石自上而下递减，而橄榄石、铁钛氧化物和硫化物自上而下逐渐增多。

2.2.3 太和岩体

太和岩体走向北东60°，倾向南东，倾角50°~60°。岩体东部被现代河床堆积物覆盖，西北部与侏罗系地层呈断层接触，其余部分被后期花岗岩、正长岩及碱性正长岩环绕包围。由于经受后期断裂与岩浆活动的破坏，现保存下来的岩体东西长约3km，南北宽略大于3km，厚度为2km左右，延深在600m以上。后期断裂多近南北向，以逆断层较为常见。岩体自上而下可划分为三部分，上部为中粒辉长岩相带，中部为含矿流状辉长岩相带，下部为中粗粒辉长岩相带，见图2-6、图2-7和表2-3。钒钛磁铁矿主要存在于中部流状辉长岩相带内，随着岩浆分异而发生条带状分异。另一方面又反映出具有明显的重力分异现象，愈向下部矿石愈变富：含铁量由上至下逐渐增高，由贫矿为主转变为富矿为主，造岩矿物上部较细，向下逐渐变粗。

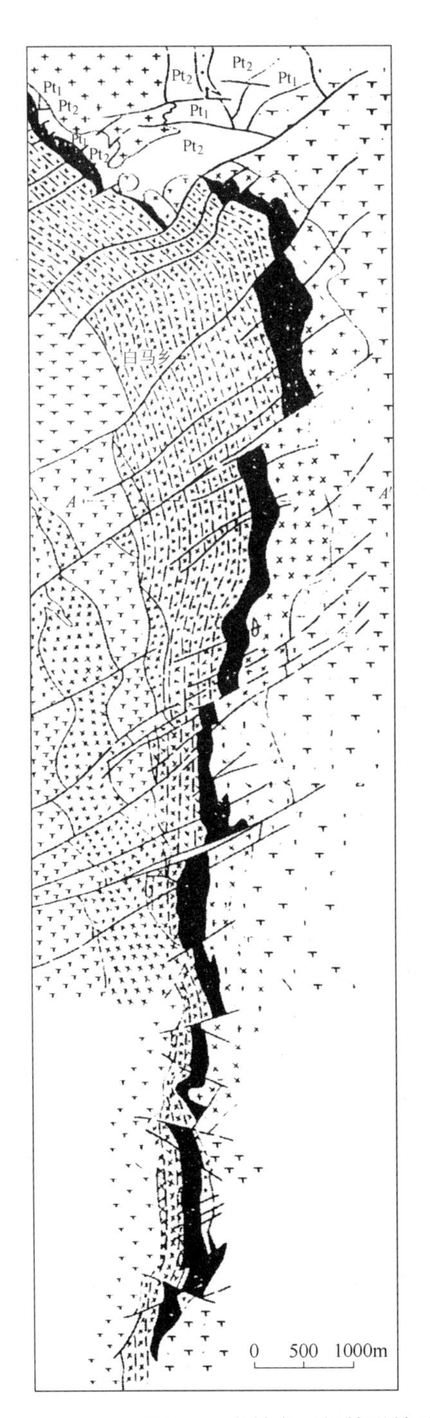

图　例

- 含矿带
- 流状辉长岩
- 块状辉长岩
- 伟晶辉长岩
- 粗晶钠正长岩
- 石英正长岩
- 花岗岩
- Pt_1 前震旦系大理岩
- Pt_2 前震旦系板岩
- A　A′ 剖面线
- 实测及推测断层

图 2-4　米易白马钒钛磁铁矿地质略图

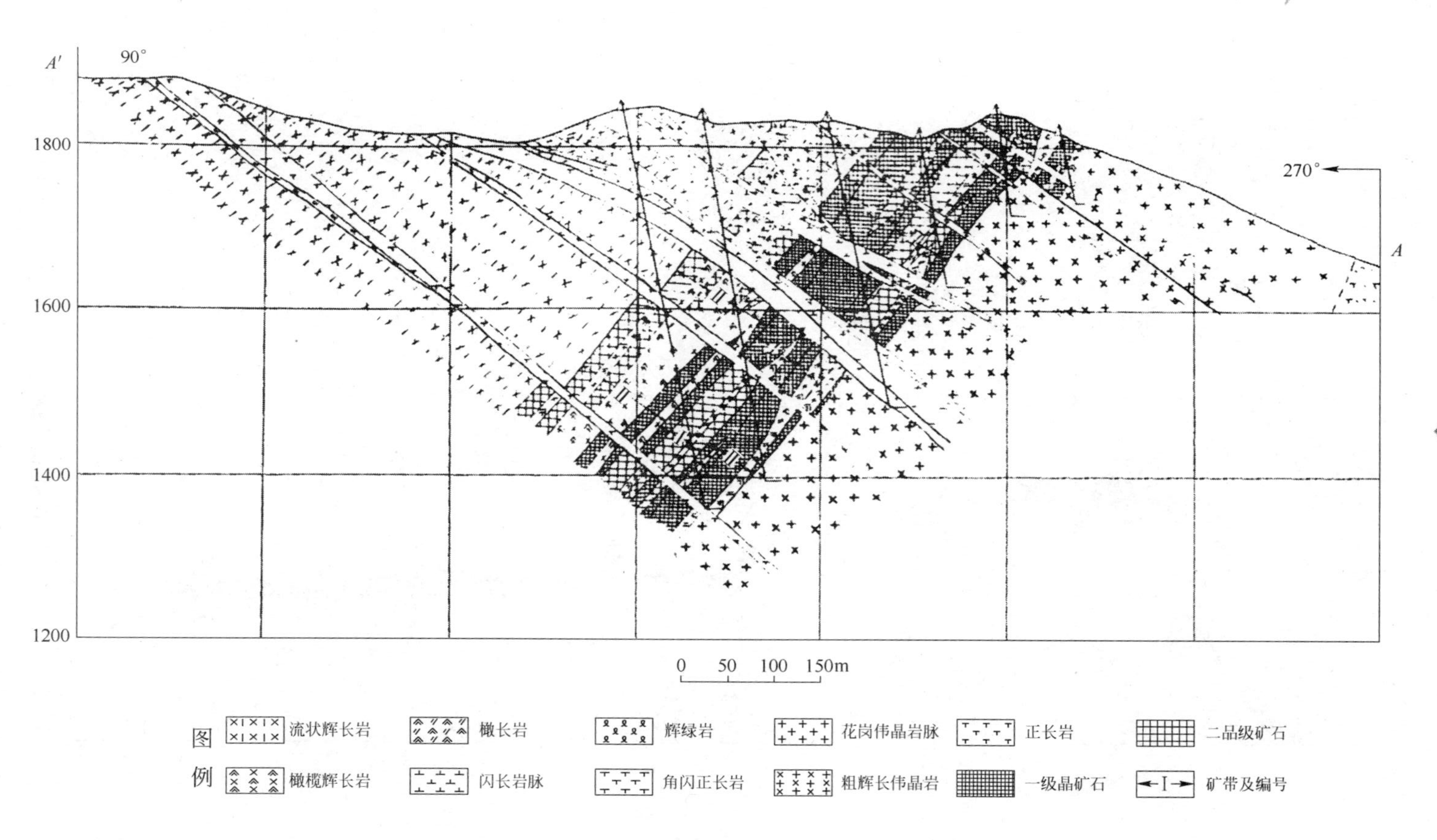

图2-5 米易白马钒钛磁铁矿矿床地质剖面图

表 2-2 白马岩体综合柱状表

序号	岩相带或含矿带	厚度/m	岩矿石花纹	岩矿石简述	含矿性	矿带编号
1	闪长岩相带	不详<200		是白马岩体的上部边缘相，为细块状辉绿闪长岩与中长辉绿辉长岩。向下逐渐过渡	不含矿	
2	辉长岩相带	不详>500		为中粒辉长岩，上段近似于块状构造，下段逐渐过渡而略具流动构造，并偶见稀疏薄层之含矿暗色条带	不含矿	
3	下部含矿层橄榄辉长岩-橄榄岩相带	300~400		具明显的流动构造，以中粒条带状橄榄辉长岩为主，局部有橄榄辉长岩，夹富辉石型薄层状矿石及条带状矿石，特点是钛铁氧化物中钛铁矿物较多，中上部矿石中较富含磷灰石	含矿性差，含数层表外矿及贫矿，单层厚3~10m	Ⅲ
		91~120		具明显的流动构造，以中粒条带状橄榄辉长岩为主，局部为橄长岩、辉长岩、斜长岩及含橄伟晶状辉长岩，夹橄辉岩型-橄榄岩型薄层状矿石及条带状矿石，矿体多集中于中下部	含矿性略好，含数层表外矿及贫矿，单层厚小于10m	Ⅱ
		50~90		以斜长橄榄岩为主。夹橄榄辉长岩、橄榄岩、纯橄岩、橄长岩及含橄伟晶状辉长岩等，在超基性岩中为层状浸染状矿石，在基性岩中多为密集的条带状矿石	含矿性好，构成巨大层状矿体	Ⅰ
		25~56		主要为橄长岩、夹纯橄岩或辉长岩，为条带状、薄层状稀浸矿石	含矿性一般常被后期辉长伟晶岩破坏	Ⅳ
4	含橄辉长岩相带	0~40		流状构造不显著，为中粒含橄辉长岩，上部见有条带状及薄层状矿化，被后期伟晶辉长石浸入	上部略具矿化	

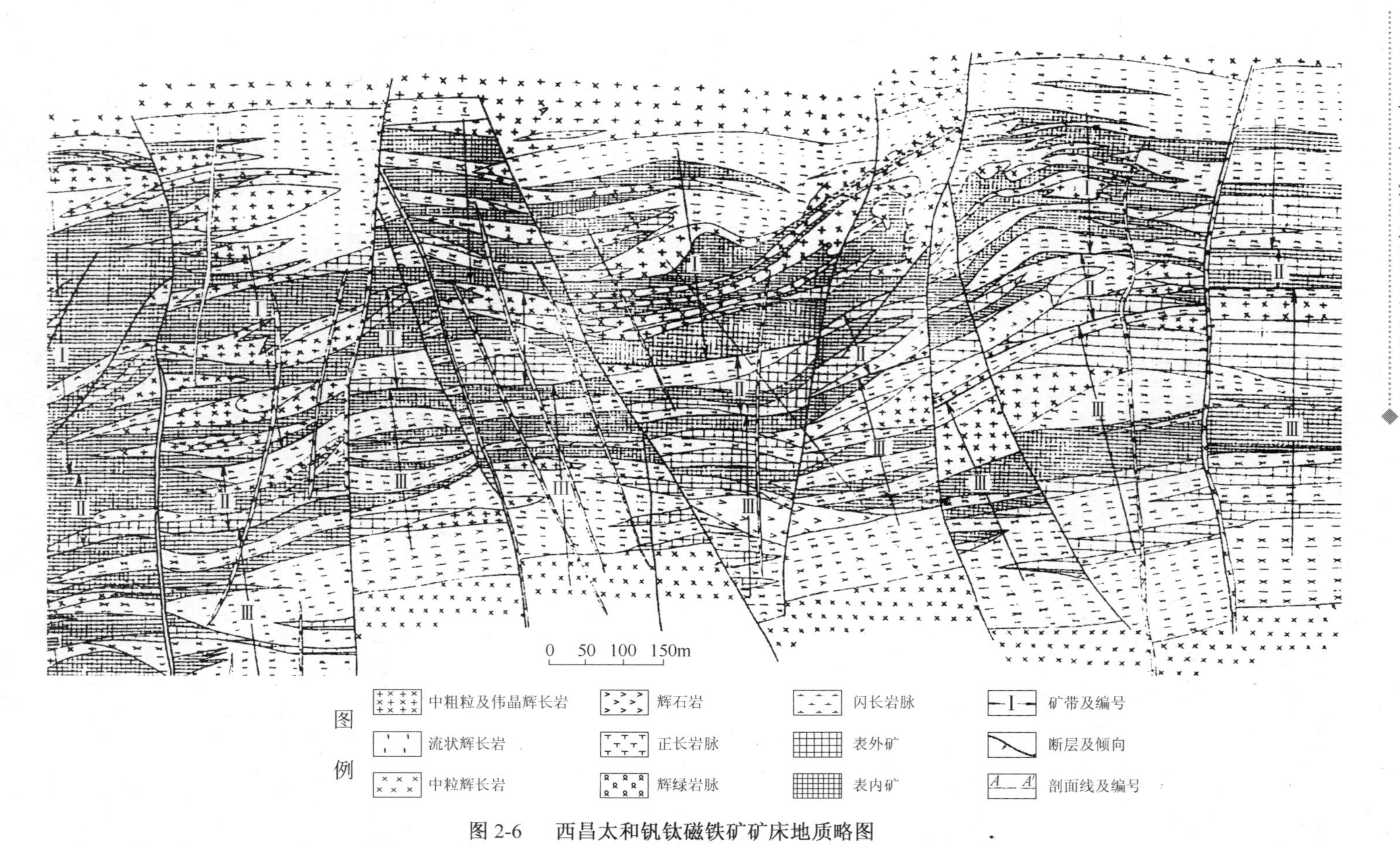

图 2-6 西昌太和钒钛磁铁矿矿床地质略图

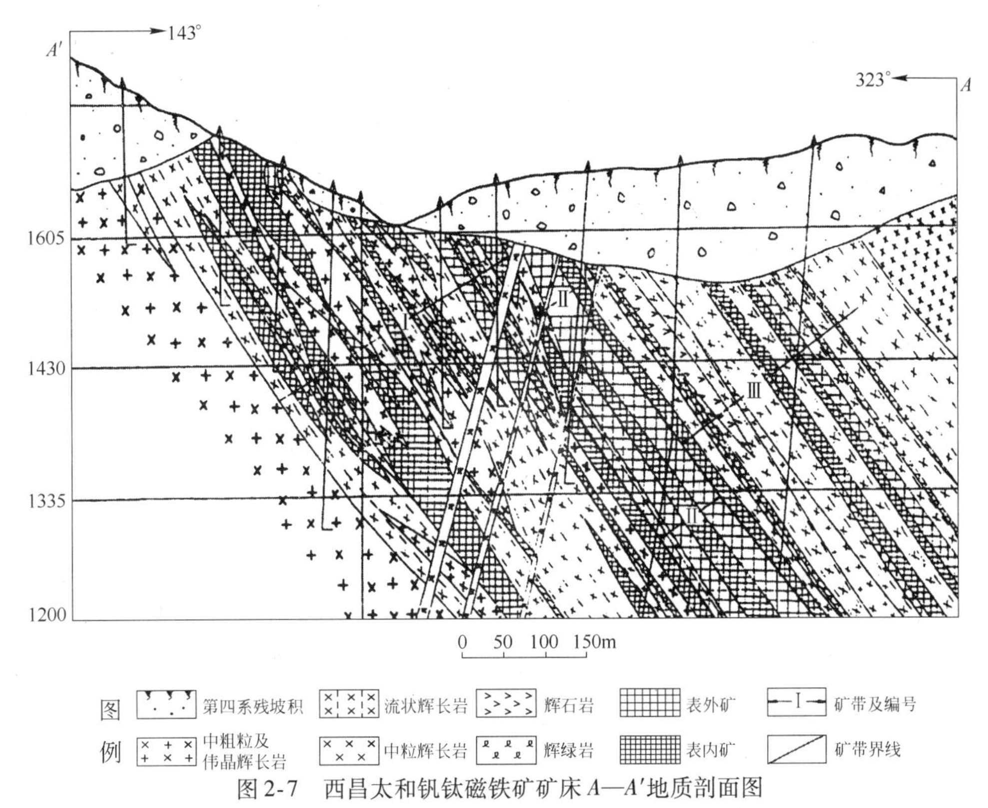

图 2-7 西昌太和钒钛磁铁矿矿床 A—A′地质剖面图

表 2-3 太和岩体综合柱状表

序号	岩相带或含矿带	厚度/m	岩矿石花纹	岩矿石简述	含矿性	矿带编号
1	上部中粒辉长石岩相带	不详		为中粒辉长岩，夹少数中粗粒辉长岩，略显或不显流动构造，向下与含矿辉长岩渐变过渡	不含矿	
2	含矿流状辉长岩相带	600～800		岩石：主要为深浅不一的中粒流状辉长岩，夹中粗粒辉长岩、粗伟晶辉长岩、斑杂状辉长岩、橄榄辉长岩、辉石岩、橄辉岩等，橄榄石含量一般为0～2%，局部为5%～30%，靠下部中粗粒伟晶岩较多。 矿石类型：上部以稀浸状矿石为主，中下部稠浸和中浸矿石逐渐增多，并夹块状、斑杂状矿石，底部有一层富长石型斑杂状、云雾状稠浸矿，顶部富含磷灰石达5%～20%。 矿体：呈似层状、透镜状，由数十层矿体组成矿带，矿体比较集中，单层厚度为数米至30m，最厚45m	含矿性好，向下显著增富	Ⅲ、Ⅱ、Ⅰ

续表 2-3

序号	岩相带或含矿带	厚度/m	岩矿石花纹	岩矿石简述	含矿性	矿带编号
3	中粗粒辉长岩相带	不详	× + ×	由粗粒、中粒、不等粒及伟晶状辉长岩组成，流状构造不明显，偶见透镜状、扁豆状薄矿层	不含矿	

2.2.4 红格岩体

岩体呈南北向延伸，倾向东，倾角10°~45°。出露的范围南北长5~6km，东西宽0.6~1.8km，面积约7km^2。岩体西部有后期正长岩浸入，而东部又有后期花岗岩浸入，它们对红格岩体有明显的破坏作用。后期断裂将岩体分割为南北两部分，称南、北矿区。南矿区又分割为铜山、路枯、马松林三个矿段；北矿区则分割成东西两部分（见图2-8）。红格岩体的产出受南北向昔格达断裂的次级构造控制，浸入在震旦系地层中，岩体顶部已被剥蚀，岩体底部与震旦系灯影组白云质灰岩呈“整合状”浸入接触，围岩已普遍发生透辉石化、石榴石化、蛇纹石化及角岩化等，蚀变带的厚度常达十余米到数十米。岩体底板由西向东和由南向北有逐渐降低的趋势，但在南北矿区交界处底板明显拱起，在区域南北向压扭性主断裂的影响下，形成次级多字型构造，主要表现为震旦系地层形成一系列雁形排列的北西向褶皱与断裂。含矿的基性超基性岩浆沿南北向断裂上升后，主要是顺层浸入到震旦系地层中。在岩体内，岩石类型或岩相带的分布大体是下部为超基性岩，上部为基性岩（见图2-9）。基性岩以流状辉长岩为主，在它的下部常有薄层的条带状辉长岩、暗色辉长岩、辉石岩或橄榄岩，这四种岩石一般相当于稀疏浸染状矿石。超基性岩主要是辉石岩、橄辉岩和橄榄岩。钒钛磁铁矿主要富集在橄榄岩内，橄辉岩和辉石岩含矿较贫，但矿体规模比较大。

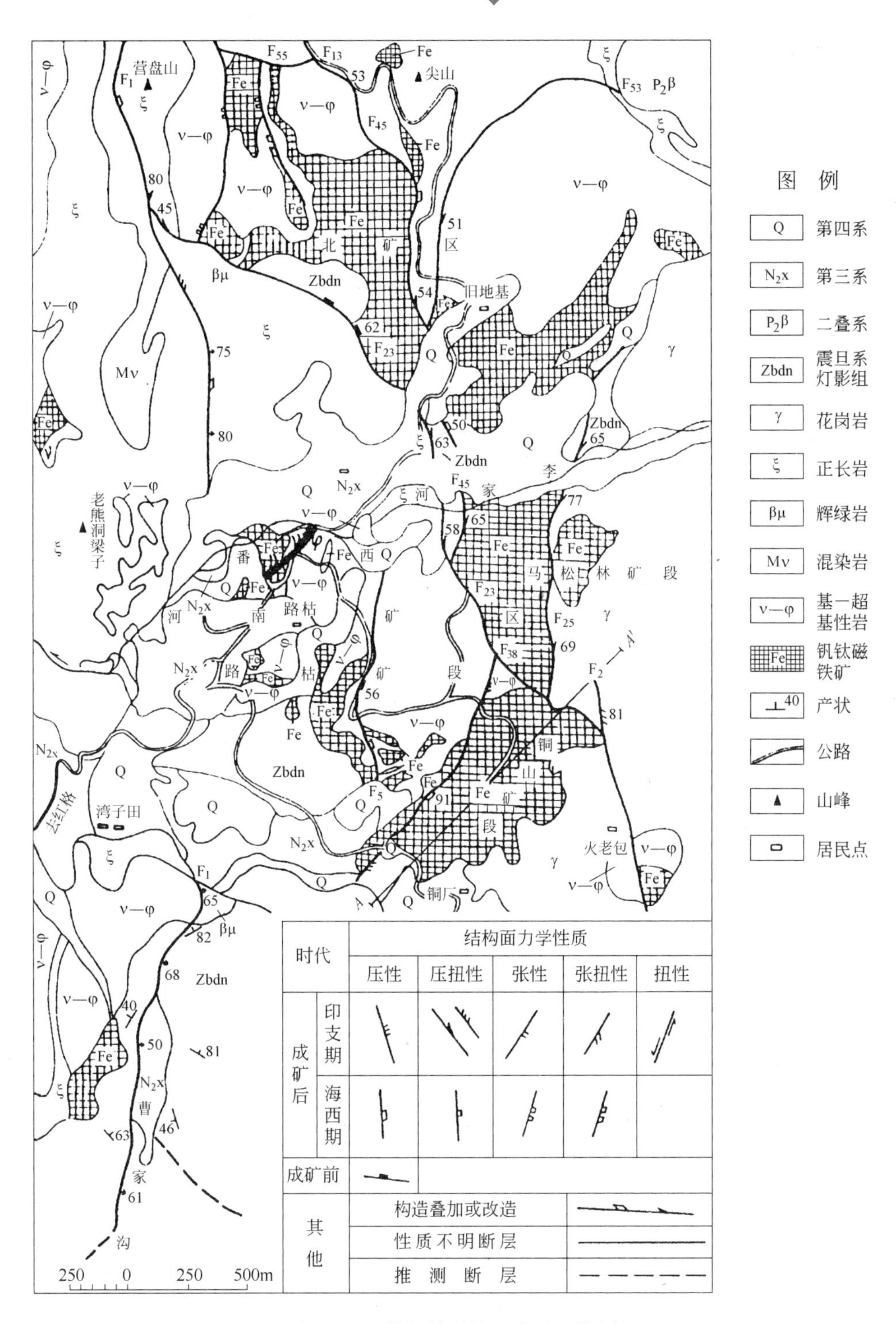

图 2-8 红格钒钛磁铁矿床地质简图

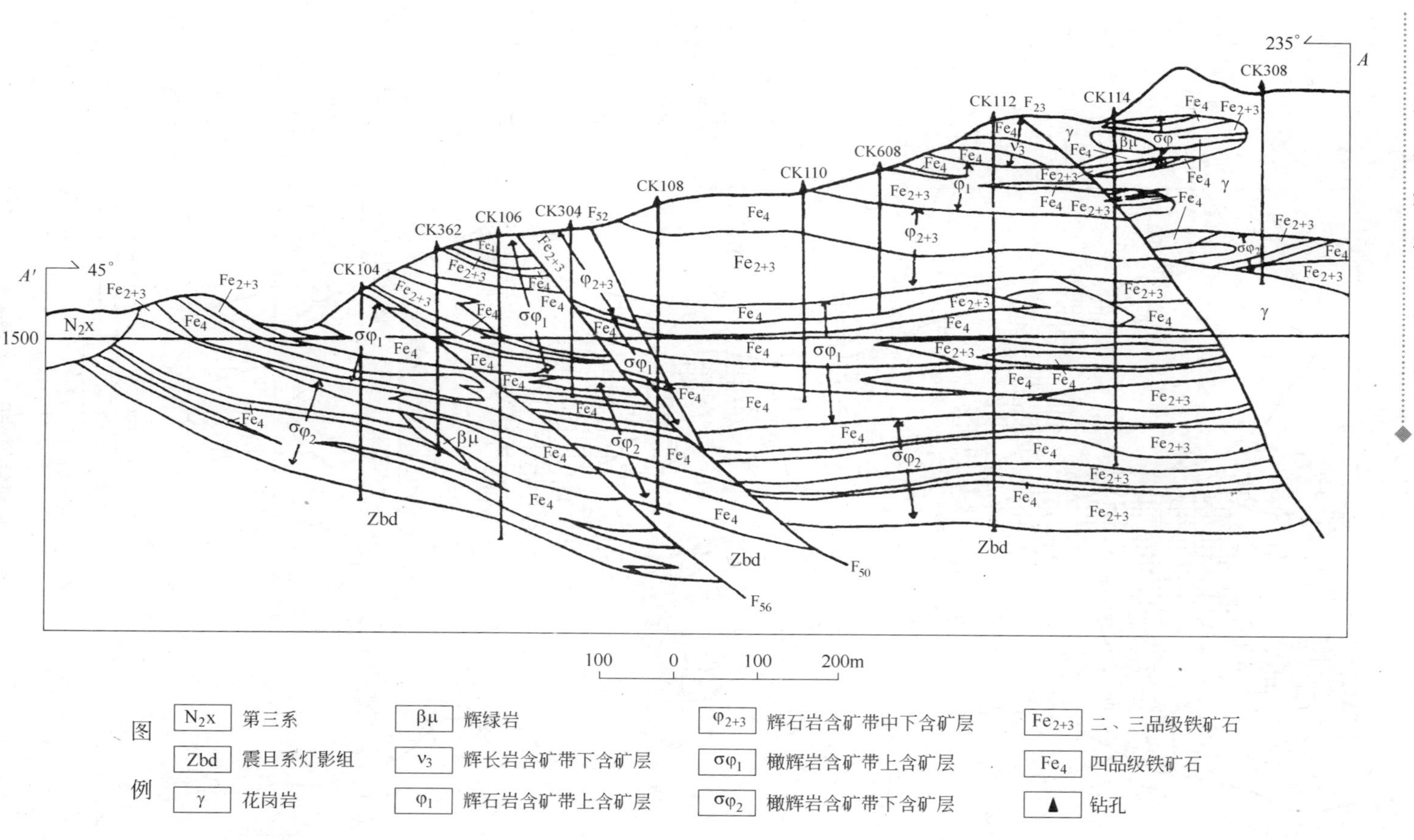

图 2-9 红格路枯钒钛磁铁矿矿床 A—A′地质剖面图

2.3 资源分布

攀西地区钒钛磁铁矿至2010年底已探明有储量的矿区共26处，其中，大型以上矿床8处，自北向南分别是太和、白马、安宁村（潘家田）、白草、红格、秀水河、中干沟和攀枝花；中型矿床6处，自北向南分别是新街、巴洞、马鞍山、中梁子、湾子田和普隆；另有小型及矿点近30处。

截止于2007年底，攀西累计探明钒钛磁铁矿铁矿石资源储量101.17万吨，伴生TiO_2储量8.0287亿吨，V_2O_5储量1832万吨。主要矿区中：红格矿区累计探明资源储量铁矿石35.70亿吨，伴生钛资源储量（TiO_2）28482.4万吨，伴生钒资源储量（V_2O_5）598.39万吨；白马矿区累计探明资源储量铁矿石17.42亿吨，伴生钛资源储量（TiO_2）10800万吨，伴生钒资源储量（V_2O_5）389.51万吨；太和矿区累计探明资源储量铁矿石17.18亿吨，伴生钛资源储量（TiO_2）9762.7万吨，伴生钒资源储量（V_2O_5）165.86万吨；攀枝花矿区累计探明资源储量铁矿石15.86亿吨，伴生钛资源储量（TiO_2）15560.6万吨，伴生钒资源储量（V_2O_5）347.52万吨。2007年以后进行了大量地质勘查工作，但新增的资源储量还未公布。

经过40多年的开发，攀西钒钛磁铁矿消耗资源储量67796.45万吨，现有保有资源储量933051.84万吨。

2.4 矿石物质组成特征及资源特点

2.4.1 矿物组成

攀西地区钒钛磁铁矿是岩浆晚期结晶分异含铁、钒、钛等冷凝而成的复杂共生矿床。钒钛磁铁矿矿物种类繁多，有氧化矿物、硫化矿物、砷化物、锑化物、铂族元素、硅酸盐、磷酸盐和碳酸盐等。从工艺角度考虑，以实用价值为划分基准，并考虑矿物属性，将矿物划分为金属矿物、脉石矿物两大类，金属矿物又划分为氧化矿物和硫（砷）化矿物。按主次划分，钒钛磁铁矿矿物组成见表2-4。

表2-4 钒钛磁铁矿矿物组成

主次	金属矿物		脉石矿物
	氧化矿物	硫（砷）化矿物	
主要矿物	钛磁铁矿 钛铁矿	磁黄铁矿 黄铁矿	普通辉石、拉长石 中长石、橄榄石

续表2-4

主次	金属矿物		脉石矿物
	氧化矿物	硫（砷）化矿物	
次要矿物	磁赤铁矿 磁铁矿 褐铁矿	黄铜矿 镍黄铁矿	普通角闪石 蛇纹石 黑云石 磷灰石
少量矿物	赤铁矿 假象赤铁矿 金红石 白钛石 锐钛矿	紫硫镍矿、硫铁镍矿 辉钴矿、马基诺矿 硫钴矿、硫镍钴矿 针镍矿、钴镍黄铁矿 砷镍矿、斜方砷钴矿 方钴矿、辉铁镍矿 毒砂、白铁矿	绿泥石、方解石 异剥石、透辉石 次透辉石、金云母、榍石、 镁铝尖晶石、铁铝尖晶石、 锆石、石榴石、电气石、黝帘石
微量矿物		方黄铜矿、墨铜矿、辉铜矿、 铜蓝、黝铜矿、闪锌矿、 方铅矿、辉钼矿、自然铅、 砷铂矿、硫锇钌矿	黑柱石、白云母、滑石、次闪石、 透闪石、水镁石、绿帘石、绢云母、 葡萄石、高岭土、沸石

2.4.2 资源特点

攀枝花钒钛磁铁矿是铁、钒、钛共生的复合矿，其矿物组成具有如下特点：

（1）铁钛致密共生，钛、钒、铬、镓、钴、镍、铝、镁等元素取代了磁铁矿中铁的相应质点，呈类质同象存在。磁铁矿中还有0～14%的钛铁晶石客晶。矿石中90%以上的钒赋存于钛磁铁矿中，该特点决定了铁精矿中TiO_2百分含量没有降低，甚至接近或稍高于原矿。

（2）含钛矿物主要是粒状钛铁矿和钛铁晶石，钛铁矿中TiO_2含量约为53%，钛铁晶石中TiO_2含量约为36%。粒状钛铁矿可以单独回收，是提钛的主要对象，而钛磁铁矿中的钛铁晶石和片状钛铁矿和脉石中的TiO_2不能用选矿方法回收。因此，钒钛磁铁矿中钛的回收率很低，这是由矿石性质决定的。

（3）钛磁铁矿中含有4%～7%的镁铝尖晶石，进入铁精矿后，使铁精矿含有较高的MgO和Al_2O_3。钛铁矿中也有镁铝尖晶石，使钛精矿中MgO偏高，成为攀枝花钛精矿的一个特点，不利于进一步生产富钛料。

（4）钒钛磁铁矿中的共、伴生元素除了钒和钛外，还有钴、镍、铬、镓、钪等可回收利用，其余如铌、钽、铂族、铜、锰等共、伴生组分由于含量低、分散度高，经济有效的利用存在很大困难。

2.5 攀西钒钛磁铁矿开发利用现状

攀西钒钛磁铁矿开发利用，通过多年的科技攻关和自主创新，逐步形成了综合回收钒钛磁铁矿中铁、钒和钛的技术路线，创造性地实现了钒钛磁铁矿中铁、钒、钛资源的同时回收利用，形成了“采矿—选矿—烧结—炼铁—炼钢—连铸—轧钢—精加工”产业链。攀西地区已成为我国重要的钢铁生产基地和不可取代的钛资源基地，中国第一、世界第三的钒产品生产基地。攀西钒钛磁铁矿综合利用原则总流程见图2-10。

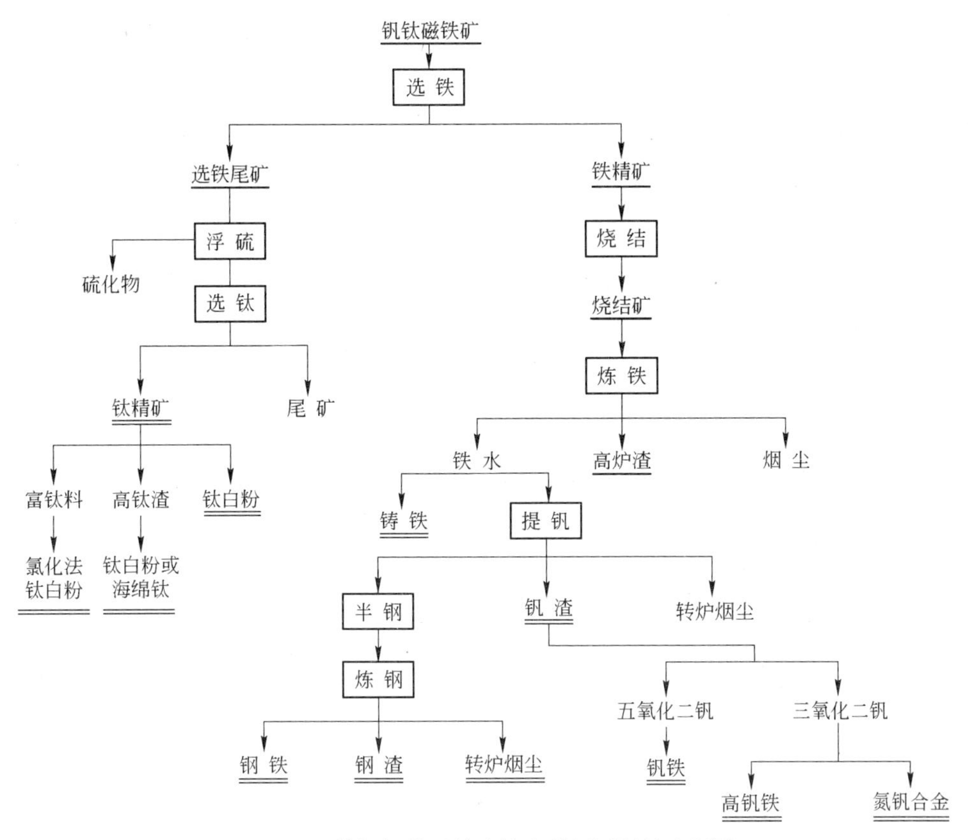

图2-10 攀钢钒钛磁铁矿综合利用原则总流程图

2.5.1 攀西钒钛磁铁矿典型矿山企业采选现状

截至2011年年底，攀西地区具有采矿许可证的国有、民营钒钛磁铁矿生产和在建矿山共21家，设计年采矿能力4700万吨，2011年实际开产原矿4029.63万吨，实际生产铁精矿1184.4万吨，钛精矿85.33万吨。本小节对主要矿区开采矿段及生产情况做一简要介绍。

2.5.1.1 攀枝花矿区

A 采矿

攀枝花矿区朱家包包、兰家火山、尖包包三个矿段由攀钢集团矿业有限公司开采，2012年开采钒钛铁矿石1439万吨，生产钒钛铁精矿536万吨。攀枝花矿区倒马坎矿段由攀枝花市谷田科技有限公司开采，设计年产原矿120万吨、钒铁精矿30万吨。攀枝花矿区公山、纳拉箐矿段目前尚未设置矿权。

B 选铁工艺

由于高炉冶炼实行“精料方针”，对炉料的铁含量要求越来越高，因此，提高铁精矿品位、降低杂质含量成为攀枝花钒钛磁铁矿选矿厂面临的迫切问题。在此形势下，攀钢选矿厂经过试验，改进了工艺，形成了“三段闭路破碎——段磨矿、旋流器分级粗选—高频振动细筛、二段球磨粗选—精选—扫选”的工艺流程，采用耐磨高分子筛板、振动器等多项新设备，筛下产品磁选，铁品位明显提高。成功实施阶段磨矿、阶段选别新工艺后，又采用旋流器和高频振动细筛组合分级，铁精矿品位提高到54.2%，台时处理量提高15%~20%。2011年，在国家矿产资源节约与综合利用示范工程基金的资助下，攀钢集团矿业有限公司开始新建年处理600万吨贫矿和表外矿的示范工程，可以大幅增加可采储量，延长矿山服务年限，2013年主体工程已完成，已开始利用表外矿。

C 选钛工艺

钛铁矿的回收，在微细粒级选钛新工艺取得成功的基础上，对选铁尾矿进行分级后，按粗细粒尾矿各自特点分别处置。对粗粒部分，按照“强磁抛尾—粗粒再磨—强磁精选—浮选”的流程展开；对细粒部分，采用“强磁抛尾—强磁精选—浮选”的流程进行改造，对选钛过程中产生的次铁精矿进行集中回收处理，形成次铁精矿回收生产线。对回收的硫化物进行集中处理，生产硫钴精矿。对选铁的尾矿、选钛浮选尾矿和硫钴精矿处理的尾矿进行集中堆放，有待二次利用。

2.5.1.2 白马矿区

A 采矿

白马矿区岌岌坪和田家村矿段由攀钢开采建设。一期工程设计生产能力为年产原矿650万吨，已于2006年年底基本建成并投入生产，2010年实际开采741.65万吨。白马铁矿二期工程建设已启动，项目建成后白马铁矿的生产能力将达到年产原矿1500万吨。

B 选矿

白马选矿厂一期，年设计产能为钒钛铁精矿233万吨，2011年实际开采1027万吨。由于矿石性质变化较大，选钛指标还未达到设计能力，选矿二期工程已开始建设，设计能力为年产钒钛铁精矿 510 万吨，主要供给攀钢集团有限公司新建的西昌钒钛磁铁矿综合利用项目。

白马矿区青杠坪矿段已于 2005 年由政府分为两宗采矿权公开挂牌拍卖出让，目前由四川德胜集团和攀枝花中禾矿业有限公司两家企业分别进行开发建设。白马矿区夏家坪、马槟榔两矿段尚未设置矿权。

2.5.1.3 红格矿区

A 采矿

红格矿区的开采始于 20 世纪 80 年代，最早只有个体采矿业主在矿石较富的露头上进行分散式小规模开采，后来采矿户逐渐增多，开采范围迅速扩大。到 2002 年，南矿区的铜山矿段、马松林矿段，北矿区的芭蕉箐沟矿段、营盘山矿段、漂水岩矿段等都有采矿点，最多时有 35 个采矿点，23 家采矿企业，其中资质齐全的只有 11 家。大小不等的采矿场、选矿厂遍布矿区周围，废石尾渣随处堆放，资源利用率低，环境问题严重。

2003 年开始，四川省和攀枝花市矿政管理部门进行大力整顿。按照“停南（矿区）采北（矿区）”的原则，把南矿区暂作封存。北矿区由民营企业四川龙蟒集团有限责任公司控股的龙蟒矿冶有限责任公司整合开采。该企业获得红格北矿区从地表至地表以下 50m 范围的采矿权。矿区所在地盐边县对尾矿问题进行了大力的治理整顿，共整顿、修理、新建了 24 个尾矿库，暂时缓解了尾矿污染问题，但这么多不太规范的尾矿库的存在，本身还是一种隐患。

四川龙蟒集团有限责任公司控股的龙蟒矿冶有限责任公司年开采规模 2003 年为 150 万吨，2007 年扩大为 300 万吨。采用露天开采，剥离的围岩废石排入矿区两边的山沟中，矿石全部用汽车通过矿区内简易公路运输。2011 年新建的年产 500 万吨的粗粒抛尾预选厂已投入运行，同年开采原矿 665.43 万吨，最低开采品位 15%，利用了一部分表外矿。2012 年经国家批准年采矿规模发展到 800 万吨。

B 选矿

采用“三段破碎—粗粒抛尾—三段磨矿磁选—铁精矿”，“选铁尾矿—弱磁除铁—中、强磁选—浮硫浮钛”流程，2012 年与 800 万吨扩产项目相配套的选矿厂已经建成，进入生产调试阶段。四川龙蟒集团有限责任公司在资源开发中重视科技进步，重视资源节约与综合利用，使红格矿区的采选水平不断提高，其中有以下三方面的成就比较突出：

（1）率先在工业生产上采用全粒级强磁—浮选技术，钛的总回收率大幅提高。红格北矿区开发初期与科研院所合作，针对红格矿石特点，进行了岩矿鉴定和选矿试验研究，选矿厂采用中国地质科学院矿产综合利用研究所提供的选铁、选钛新工艺，获得56%以上的高品位铁精矿和二氧化钛品位47%的高质量钛精矿，钛的总回收率达30%以上，铁的回收率为50%～60%（因目前入选的主要是表层氧化矿，入选品位20.84%），钛的回收率远高于国内同类选矿厂的选钛指标。

（2）进行高效粗粒抛尾，实现多碎少磨。采用新型粗粒抛尾装置，进行高效粗粒抛尾，实现多碎少磨，减少能耗，提高效率，还可使铁的入选品位大幅降低，提高了低品位矿的利用率。目前龙蟒集团公司开采品位下调到15%～18%，这样使表外矿、低品位矿得到利用，节约了资源，提高了资源利用率。

（3）积极开展新流程试验。龙蟒集团公司为了探索进一步大幅提钛回收率的新技术，引进美国的转底炉，进行直接还原—大功率电炉熔分，同时生产含钒生铁和富钛渣的试验研究，此研究项目被纳入了国家科技部科技支撑计划。该项目年处理钒钛铁精粉7万吨，年产含钒铬生铁4.2万吨、钛渣1.6万吨，并于2009年实现了连续稳定的工业运行，该项目于2010年7月通过工业试验成果鉴定，决定继续做年产50万～300万吨产业化准备。

2.5.1.4 太和矿区

太和矿区是重钢的后备矿山，重钢集团矿业公司太和铁矿于1964年开始筹建，几经上下，最终于1988年9月建成投产，形成年开采原矿70万吨、年产钒钛铁精矿35万吨的生产规模。21世纪以来太和铁矿的开发利用有较大的发展。

A 采矿

目前太和铁矿由重钢西昌矿业有限公司投资实施的300万吨采选扩建改造工程已建成投产，开采能力达到了年产铁矿石300万吨，2011年实际开采矿石189.91万吨。二期扩建工程计划要扩大到年产铁矿石1000万吨的开采规模，预案拟根据矿体变化情况，转入地下开采。2012年项目已报国家发改委审批。

B 选矿

与年产铁矿石300万吨采矿工程同时扩建的选矿厂，设计能力为钒钛铁精矿100万吨、钛精矿10万吨、硫钴精矿1万吨的综合生产能力。选铁流程为“三段一闭路破碎—一段磨矿—磁选—二段磨矿—磁选”；选钛流程为“磁尾—脱泥—一段强磁—分级—二段强磁—浮硫—浮钛”。根据矿石特点，创造了在选铁、选钛尾矿中用浮选法再选硫化物的新工艺，提高了硫钴精矿的回收量，并兴建了硫钴精矿的综合利用厂，拟解决钴、镍、铜、硫的回收利用问题。

2.5.1.5 潘家田矿区

潘家田矿区是四大矿区外生产规模较大、具有代表性的钒钛磁铁矿生产矿区。潘家田矿区位于米易县丙谷镇，分为东西两矿段，东矿段由四川安宁铁钛股份有限公司开采，西矿段尚未设置矿权。

A 采矿

潘家田矿区由于矿体大部分裸露地表而采用露天开采。原设计年生产规模为150万吨。通过技改扩能，采用组合台阶的采矿法，直进式单壁堑沟开拓、公路运输方式，采场剥离废石排于中梁湾排土场或碑石湾排土场，年生产规模达到采选300万吨。2011年实际采矿300万吨（其中有115万吨表外矿）。

B 选矿

现有年处理能力300万吨选矿厂，选铁工艺采用“三段一闭路破碎—两段阶磨阶选—磁选铁钒精矿”工艺，其中把旋流器沉砂和细筛筛上进行粗粒再抛尾，提高了磨矿效率。

选钛工艺采用“磁选尾矿—浓缩—螺旋溜槽重选—螺旋精矿—筛分—0.6～0.074mm的钛中矿—强磁干选—钛精矿1”，“螺旋尾矿—两段高梯度强磁—浮选—钛精矿2”的流程，比较符合潘家田钒钛磁铁矿中钛铁矿结晶粒度较粗的特点。

为充分利用低品位钒钛磁铁矿，安宁铁钛股份有限公司与科研院校合作，不断进行技术研发、技术改造，在提高资源利用率，提高采选生产效率方面取得明显效果。低品位钒钛磁铁矿科学动态配矿技术，在开采品位不断下降的同时保证入选品位的合理与稳定；矿石超细破碎技术，采用大型高压辊磨超细碎设备代替破磨系统中能耗较高的部分破碎及球磨设备，实现“多碎少磨”，降低能耗，降低生产成本，提高钒钛磁铁矿资源利用率。

低品位钒钛磁铁矿石湿式抛尾技术，抛尾产率30%以上，原矿铁品位可提高10个百分点，每年可多产铁精矿51万吨，减少180万吨的尾矿输送与堆存。在攀西地区开发利用低品钒钛磁铁矿资源应用湿式抛尾技术，取得了显著的经济效益和社会效益。

管道无动力远距离输送颗粒矿浆，以$-74\mu m$粒度不小于25%，浓度为40%～60%的矿浆，经坡度为2°～7°输送管道，无动力顺势输送到10km选矿厂，比公路运输能力提高了10倍以上，年节约运输能耗（标煤）1万吨，大幅降低了生产成本。

潘家田钒钛磁铁矿高效利用技术已列入国家矿产资源节约与综合利用示范工程。

2.5.1.6 其他矿区

除主要矿区外，攀西地区目前还有部分中小型的矿山企业在开发钒钛磁铁矿，其中会理白草铁矿、会理秀水河铁矿、米易青杠坪矿段仰天窝铁矿等矿山的年开采量都在200万吨以上。有些矿山规模很小，年产只有几万吨。但这些矿山由于矿石品位低，大多注意低品位矿的开发利用。

红格矿区外围的中干沟、湾子田、中梁子三个矿段尚未设置矿权。米易县境内的安宁村铁矿和新街铁矿也尚未开发利用。

2.5.2 攀西钒钛磁铁矿主要矿山企业开发利用技术水平

攀西钒钛磁铁矿的开发，由于国家重视，坚持不懈组织重大技术攻关，从微观到宏观充分研究矿石性质，指导选矿的分离提取工艺，经过40多年的不断奋斗，攻克了微细粒级钛铁矿回收难题，形成具有自主知识产权的产业化成套技术和装备。攀枝花地区钒钛磁铁矿的开发利用已形成攀枝花钢铁集团公司、重钢集团矿业公司太和铁矿、四川龙蟒矿冶有限责任公司及四川安宁铁钛股份有限公司等技术力量强、管理理念先进的骨干企业群体。利用技术发展成以露天开采为主，大规模选铁、全面开展选钛、综合回收钴镍铜硫化物，伴生钒富集于铁精矿的综合回收利用的格局，所取得的“三率”指标处于同类矿石开发利用的领先水平。

在低品位矿的开发利用方面，各矿山企业都有不同的进展。目前的开采品位多数在20%以下，有的仅为15%。低品位矿（TFe 15%～20%）的开发利用力度在不断加强。此外，积极开展红格矿铬资源回收利用技术的开发研究，对钪、镓等回收利用的基础研究也引起了广泛重视。

攀西地区对钒钛磁铁矿的研究程度较高，目前开发利用技术总体处于国内外领先水平。由于各矿区矿石性质基本相同，各矿山都是以露天开采为主，用磁选获得钒铁精矿，再从磁选铁尾中选取钛精矿，但因矿石性质的差异、各矿区投产时间的不同和开采规模的区别，各矿区的采选技术指标都有一定差别。

2011年攀西钒钛磁铁矿开发利用“三率”指标见表2-5，攀西钒钛磁铁矿开发利用技术新进展见表2-6。

表2-5 2011年攀西钒钛磁铁矿开发利用“三率”指标 （%）

企业名称	设计开采回采率	实际开采回采率	采矿贫化率	选矿入选品位			各种精矿成分及回收率			
				TFe	TiO_2	V_2O_5	铁精矿		钛精矿	
							品位	回收率	品位	回收率（对入选原矿）
攀钢集团矿业有限公司	94.00	93.16	4.16	31.22	12.17	0.30	54.03	70.51	47.34	18.46
攀钢集团攀枝花新白马矿业有限责任公司	94.00	93.37	6.71	27.71	6.63	0.32	55.4	59.60（调试中）	建设中	
重钢西昌矿业有限公司	92.00	96.21	4.57	33.74	12.54	0.22	56.19	77.58	47.51	20.44

续表 2-5

企业名称	设计开采回采率	实际开采回采率	采矿贫化率	选矿入选品位			各种精矿成分及回收率			
				TFe	TiO_2	V_2O_5	铁精矿		钛精矿	
							品位	回收率	品位	回收率（对入选原矿）
攀枝花龙蟒矿产品有限公司	95.00	95.00	8.88	24.93	11.20	0.24	56.00	55.00	45.73	26.00
四川安宁铁钛股份有限公司	94.00	95.50	6.50	20.40	9.67	0.23	56.00	66.41	47.00	29.42
会理县财通铁钛有限责任公司	90.00	92.50	16.00	23.50	9.80	0.23	55.00	62.00	47.00	20.00 ~ 25.00
攀枝花青杠坪矿业有限公司	95.00	94.30	8.20	24.30	6.10	0.19	56.14	69.28		
会理县秀水河矿业有限公司	92.00	96.21	5.00	26.60	10.50	0.23	55.00	62.00	47.00	25.00
攀枝花中禾矿业有限公司	92.00	92.00	3.00	21.50	6.02	0.21	56.13	56.00		20.00 ~ 25.00

表 2-6 攀西钒钛磁铁矿开发利用技术新进展

企业名称	新技术新工艺新设备使用情况	备注
攀钢集团矿业有限公司	运用抛尾技术综合利用表外矿，采用选铁尾矿全粒级“强磁-浮选”工艺选钛，攻克了微细粒级选钛难关，钛回收率大幅提高，属国内外先进水平	—
攀钢集团攀枝花新白马矿业有限责任公司	用圆筒筛和振动筛替代水力旋流器分级，改善磨矿指标，采用管道输送创造较高的经济效益	—
重钢西昌矿业有限公司	高压辊磨机超细碎工艺在攀西地区处于领先水平，采选指标先进，强磁浮选工艺回收钛，在硫化物的回收和深加工方面走在前面	新尾矿库 2012 年投入使用
攀枝花龙蟒矿产品有限公司	率先成功采用选铁尾矿全粒级浮选选钛工艺，显著提高了钛回收率，实现了表外矿利用。选矿设备选型有新意，破碎使用美卓圆锥破，筛分采用德瑞克叠筛	采矿设计为表内矿，实际生产为表内矿加表外矿
四川安宁铁钛股份有限公司	采矿部分采用三维动态配矿技术。选矿厂采用矿石超细碎湿抛技术、粗细粒级分别选钛技术、浮选钛精矿降磷技术、废水循环利用技术	
会理县财通铁钛有限责任公司	采矿上采用了陡帮剥离、缓帮开采技术，提高了回采率，采用高梯度强磁选富集选铁尾矿中的钛，用浮选提高了钛精矿的回收率	—
攀枝花青杠坪矿业有限公司	增加了干磁抛废，降低了矿山采矿品位，提高了资源利用率，增加高压辊磨机，降低了入磨粒度，提高了入磨量	2012 年 2 月选钛开始调试

续表 2-6

企 业 名 称	新技术新工艺新设备使用情况	备 注
会理县秀水河矿业有限公司	采矿上采用了陡帮剥离、缓帮开采技术，提高了回采率，采用高梯度强磁选富集铁尾矿中的钛，采用多级重选技术提高了钛精矿的回收率	
攀枝花中禾矿业有限公司	采用国外进口破碎设备并增加高压辊磨机，选钛工艺与设备处于较好水平	—

2.5.3 攀西钒钛磁铁矿开发利用存在的问题

攀西地区在资源的开发利用方面取得了巨大进步，部分分选技术达到了国际先进水平，但在共伴生矿产的利用方面与先进水平仍存在较大差距，主要问题如下：

（1）攀西地区钒钛磁铁矿矿石性质特殊、分选难度大。攀西钒钛磁铁矿钛资源的铁、钛含量偏低，与国外钛资源相比，属于极贫的含钛原料。国外统计的钛资源中，80%以上是钛铁砂矿，20%左右是金红石矿，钒钛磁铁矿基本不作钛资源，只有加拿大和挪威的含钛高达 37% ~70% 的钛磁铁矿才作为提钛原料，大多含钛低的只作为炼铁原料。与普通铁矿相比，攀西钒钛磁铁矿含铁品位低，矿石结构复杂。因此此类矿石铁、钛选矿难度大，技术指标偏低。

（2）资源开发及综合利用总体规模有待进一步提高。攀西地区钒钛磁铁矿资源开发发展速度很快，但资源开发和综合利用的总体规模还不能满足国家资源保障能力和资源战略安全的需要，基地内骨干企业钢铁生产铁矿石自给率还不足60%，还有很大提升空间。

（3）资源开发与综合利用水平有待进一步提高。

1）虽然攀西地区钒钛磁铁矿资源开发与综合利用水平在逐年提高，但低品位矿的利用不充分，选铁尾矿中小于 0.020μm 的超微细粒选矿选钛关键技术仍未突破，造成了部分钛资源的流失，同时，大量进入铁精矿中的钛还无法回收。原矿经过选矿之后，约有30% ~50% 的钛进入铁精矿。这部分钛在冶炼过程中几乎全部进入高炉渣，渣中 TiO_2 的品位因此达到 20% ~25%。高炉渣中钛的回收利用技术尚未突破。

2）多数共伴生元素未回收，发展前景不明朗，共伴生的稀贵元素分布分散，赋存状态复杂，分离提取技术难度大。科研工作周期长，科研成果转化慢，科研投入风险大，矿山企业进行长期攻关的信心不足，技术创新没有大的进展，多数有益组分迟迟得不到回收。

（4）现有矿产资源开发配套政策不完善。现有资源税征收政策限制了矿山企业加大投入的积极性。我国现行矿产资源税是按原矿产量大小计征的，缺乏对开采未达工业品位的矿产资源的减免税优惠政策，客观上限制了矿山企业加大综合利用投入的积极性。

（5）各矿区矿石性质和化学成分的差异，使各矿山企业的“三率”指标有明显差别。攀西地区钒钛磁铁矿矿石成因和矿石性质基本相同，但由于各矿区含矿岩体的基性程度不同，矿石的结构构造有一定差异，矿石品级的分布比例有较大的不同。调查获得的数据说明，各矿区矿石的地质平均品位、矿石开采品位、钛铁比、矿石入选品位不同，但各矿山企业的生产技术还不能完全适应这些变化，符合各自的矿石特点。因此各矿区选矿厂的“三率”指标存在明显的差异。

第3章 铁、钛、钒、铬资源特点及利用潜力

3.1 铁、钛、钒、铬的性质

铁（Fe）是银灰色的金属。常见铁的化合物主要为正二价、正三价，个别为正六价，其中正三价的化合物最稳定。铁的密度为 7.86g/cm^3，熔点为1535℃，沸点为3000℃。单质铁是具有光泽的白色金属，有铁磁性，是最重要的基础结构材料，其化学性质为中等活泼性的金属，在高温下易和氧、硫、氯等非金属发生强烈反应，易溶于稀的无机酸溶液或浓盐酸溶液中，金属铁能被浓碱溶液侵蚀。

钛（Ti）是典型的亲石元素，常以氧化物矿物的形式出现，正四价的化合物最稳定。金属钛是银白色的，熔点为1675℃，密度为4.5g/cm^3，具有机械强度高，耐低温（超低温电阻率几乎为0），耐腐蚀，线钛塑性良好（能薄壁化使用），不易氧化，还原性强等特点。

钒（V）是银白略带蓝色的金属，熔点高（1890±10℃），沸点为3000℃，密度为5.96g/cm^3。钒具有亲石性、亲铁性和很强的亲氧性，以氧化数为正五价的化合物最稳定。钒金属具延展性，含有氧、氮、氢时则变脆、变硬，是电的不良导体。钒在较高的温度下与原子量较小的非金属形成稳定的化合物，在低温下有良好的耐腐性。钒进入合金后可增强合金的强度，降低热膨胀系数，可耐盐酸、稀硫酸、碱溶液及海水的腐蚀，但能被硝酸、氢氟酸、浓硫酸腐蚀。

铬（Cr）是银白色金属，具延展性，密度为7.20g/cm^3，熔点为1890℃，沸点为2482℃，具有亲氧性和亲铁性，以亲氧性较强，在还原和硫的逸度较高的情况下才显示亲硫性。在地壳内，绝大部分的铬以尖晶石类的氧化物形式存在，属亲石元素。铬以正三价氧化物最稳定，铬金属具有质硬、耐磨、耐高温、抗腐蚀等特性。

3.2 铁、钛、钒、铬的用途

铁是钢铁工业的基本原料，广泛应用于国民经济的各个部门和人们日常生活的各个方面。铁矿石可冶炼成生铁、熟铁、铁合金、碳素钢、合金钢、特种钢等。纯磁铁矿还可作合成氨的催化剂；赤铁矿、镜铁矿、褐铁矿还是天然的矿物颜料。

世界对钢铁的需求量不断增加，2012 年世界年产粗钢突破 15.2 亿吨，生产铁矿石 19.22 亿吨。我国一直从国外进口富铁矿。2012 年，我国钢产量达到 7.17 亿吨，进口铁矿石 7.45 亿吨。我国已经成为世界最大的钢铁生产国、铁矿石消费国和进口国。

钛的用途十分广泛。钛及其氧化物、合金产品是重要的涂料、新型结构材料、防腐材料，被誉为“继铁、铝之后处于发展中的第三金属”和“战略金属”，也是“很有希望的金属材料”，在航天、舰船、军工、冶金、化工、机械、电力、海水淡化、交通与运输、轻工、环境保护、医疗器械等多个领域有着广泛的应用。钛的氧化物——二氧化钛（TiO_2，亦称钛白），具有无毒、物理化学稳定性良好、折射率高及很强的白度、着色力、遮盖力、耐温性、抗粉化等特征，被称为颜料之王。含钛矿物金红石还是优质电焊条涂层不可缺少的原料。美国钛原料的 96% 用来生产钛白粉，其余 4% 用于生产海绵钛、钛基化学产品等。钛白粉有三个最大的用途，分别是颜料和涂料（约占 56%）、造纸（约占 16%）、塑料（约占 23%）。近年来，美国生产的钛金属（海绵钛）的 73% 用于航空航天工业。

钛矿主要包括钛铁矿和金红石。据《世界矿产资源年评（2013）》，2012 年，世界钛铁矿（精矿）年生产量 718 万吨，金红石（精矿）年生产量 56 万吨，此外，钛渣（炼钢铁副产品）年生产量 226 万吨。

钒是冶炼合金钢的重要原料，钒产量的 85% 用于铁合金和非铁合金。它可提高钢的强度、延展性和韧性，生产高强度低合金钢、高速钢、工具钢、不锈钢和永久磁体等，用以生产切削、耐压、耐磨等部件。钒合金广泛用于交通运输、机械、建筑、输油气管道、桥梁、压力储罐、钢轨、输电塔架等。高强度耐热的钒钛合金广泛用于航空、火箭和宇航工业。在化学工业中，钒可用作氧化反应的催化剂，用来生产硫酸、精炼石油、制造染料的催化剂，还可用作吸收紫外线、热射线的玻璃及玻璃、陶瓷的着色剂。

近十年来我国钒的生产发展很快，应用也日渐广泛，但与发达国家相比，我国钒在钢铁工业中的用量比重相对较低，在化学工业中相对较高。随着我国钢铁工业的发展，钒在钢铁工业中的用量将会逐年增多。

世界上 90% 的钒用于冶炼合金钢，其他用途仅占 10% 左右。据《世界矿产资源年评（2013）》，2012 年世界钒的年消费量中，五氧化二钒（V_2O_5）11 万吨，钒的矿山年生产量为 5.9 万吨；同时，可从选矿的副产品、矿渣或石油残渣中回收五氧化二钒 11 万吨。总的来看，钒的国际市场需求量有所增加，但由于供过于求，其价格并未大幅上升。

铬是重要的战略物资之一，是冶炼不锈钢的重要原料，在冶金工业、耐火材料和化学工业中得到了广泛应用。冶金工业方面主要用来生产铬铁合金和金属铬，可作为钢的添加料，生产多种高强度、抗腐蚀、耐磨、耐高温、耐氧化的特种钢，如不锈钢、耐酸钢、滚珠轴承钢、工具钢等。金属铬主要用作铝合金、钴合金、钛合金及高温合金、电热合金等的添加剂，还用于钢制品镀铬。氧化铬（Cr_2O_3）可用作耐热涂料，也可用作磨料和玻璃、陶瓷的着色剂。

铬铁矿在耐火材料方面主要用来制造铬砖、铬镁砖和其他特殊耐火材料。化学工业方面，铬主要用来生产重铬酸钠（$Na_2Cr_2O_7 \cdot 2H_2O$），进而制取其他铬化合物，用于颜料、纺织、电镀、制革等工业，还可制作催化剂和触媒剂等。铬的放射性同位素已在医学上得到利用。

据《世界矿产资源年评（2013）》，2012年世界铬年消费量520万吨，85%用于冶金工业，其他化工、耐火材料占15%。近年世界铬铁矿产量为1889万吨，铬铁合金为828万吨。2008年，世界不锈钢产量达到2593万吨（平均含铬10.5%）。总的来看，铬的供求趋于平衡。我国的铬含量只能满足国内需求的6%，其他主要依靠进口。

3.3 铁、钛、钒、铬资源状况

世界铁矿资源丰富。据《世界矿产资源年评（2013）》，至2012年底，世界已探明铁矿金属储量800亿吨（矿石量1700亿吨）。世界铁矿主要分布于澳大利亚、巴西、俄罗斯、乌克兰、中国、哈萨克斯坦、美国、印度、瑞典。全球铁矿石资源总量在8000亿吨以上，含铁金属量超过2300亿吨。其中，以沉积变质型铁矿最为重要，经济意义也最大，其资源量约占世界铁矿资源的90%，其中富铁矿占70%以上。

我国铁矿资源总量不少，但贫矿较多。至2010年底，铁矿石查明基础储量222亿吨，查明资源储量727亿吨。我国铁矿资源主要分布在辽宁、四川、河北、安徽、山西、云南、山东、内蒙古、湖北，九省（区）合计铁矿资源储量占全国铁矿资源储量的81%，绝大部分为贫矿（含铁33%），富铁矿只占1.9%，因此应重视对贫铁矿资源的利用与研究。

世界钛矿资源丰富。至2012年底，世界探明钛铁矿储量6.5亿吨，主要分布在中国、澳大利亚、南非、印度、挪威。世界金红石（TiO_2）储量4200万吨，主要分布于澳大利亚、南非、印度、乌克兰、塞拉利昂、巴西。世界钛矿资源以钛铁矿为主，钛铁矿约占世界钛资源的90%，其中10%来自金红石、锐钛矿、钛矿渣等。世界钛铁矿资源中原生钛铁矿约占70%，钛铁砂矿占30%。金红石的储量全部为砂矿。巴西的锐钛铁矿是金红石的重要潜在资源。澳大利亚是世界金红石砂矿的最大资源国。据估计，全球钛矿的资源总量（TiO_2）超过20亿吨，其中金红石的资源量（TiO_2）约为2.3亿吨。

我国钛矿资源十分丰富，居世界首位。至2010年底，钛矿查明基础储量（折合TiO_2含量）23815.8万吨，查明资源储量72121.8亿吨。原生钛矿占94.5%，集中分布在四川、河北；钛铁砂矿占3.6%，主要分布在海南、云南、广西、广东、江苏和江西等省（区）；金红石资源量占1.9%，主要分布在河南、山西、江苏、湖北等省。在攀枝花—西昌地区，除探明储量外，还有较多的资源，预计氧化钛资源量可达数亿吨。原生金红石在秦岭、大别山等地，预测远景储量在数千万吨以上。

世界钒矿资源非常丰富。至2012年底，世界探明钒金属储量为1400万吨，主要分布在中国、南非、俄罗斯和美国。可供开发利用的钒资源除钒钛磁铁矿外，其他钒资源主要赋存在磷块岩矿床、砂岩和粉砂岩型铀矿床中；钒也存在于某些铝矿和炭质页岩中，如石油、石煤、油页岩及沥青砂等。据不完全统计，世界钒资源总量超过6300万吨。

我国钒资源丰富，是全球钒资源大国，至2010年底，钒矿查明基础储量1242.6万吨。主要分布在四川、湖南、广西、陕西、湖北、安徽、甘肃等省（区）。攀枝花地区钒钛磁铁矿资源量101亿吨，其中五氧化二钒（V_2O_5）资源储量约1832万吨，是世界最大的钒资源集中区。此外，石煤是我国一种独特的钒资源，蕴藏量非常丰富（品位达到0.8%以上，就有工业开采价值），以湖南、浙江最多。从石煤中提取钒已成为我国利用钒资源一个重要的发展方向。

世界铬铁矿资源丰富。至2012年底，世界铬矿探明储量超过4.6亿吨，资源量120亿吨，可以满足世界经济发展的需求。铬资源丰富的国家有南非、哈萨克斯坦、芬兰、印度、巴西等国，其中95%在南非和哈萨克斯坦。

我国铬矿资源比较贫乏。至2010年底，我国铬铁矿查明基础储量442.09万吨，查明资源储量1114.39万吨，主要集中在西藏、甘肃、内蒙古、新疆四省（区），富矿产在西藏罗布莎外围超基性岩带中，合计占查明储量的82%。

3.4 铁、钛、钒、铬资源赋存状态及矿物特性

3.4.1 铁、钛、钒、铬资源赋存状态

钒钛磁铁矿床是以铁、钛、钒三元素为主体，共生有其他多种成分。其中，铁（TFe）主要赋存于钛磁铁矿中，其次赋存于钛铁矿中，硫化物和脉石中铁含量相对较少。钛（TiO_2）主要赋存于粒状钛铁矿中，其次赋存于钛磁铁矿中，粒状钛铁矿是工业回收的对象。钛在钛磁铁矿中的赋存状态极其复杂，主要以三种形态存在，一是以板状钛铁矿、片状钛铁矿固溶体分离作用产于钛磁铁矿中，其成分与钛铁矿相同或相近；二是以固溶体分离钛磁铁矿客晶钛铁晶石（2FeO

· TiO_2）赋存；三是以四价钛取代钛磁铁矿基底磁铁矿三价钛离子，以类质同象产出。钒（V_2O_5）赋存于钛磁铁矿中，目前钛磁铁矿中未见到有钒的独立矿物，电子探针系统分析表明，钒在钛磁铁矿中分布均匀，这是由于钒与铁的离子半径很近似，并具有较高的化合价，能形成坚固的结合键，使其成为最稳定的类质同象组分。铬（Cr_2O_3）主要赋存于钛磁铁矿中，以三价 Cr^{3+}，以类质同象存在，在四大矿区的钒钛磁铁矿中其含量差别很大。

吴本羡等对攀西钒钛磁铁矿进行了大量研究，按地质平均品位计算，得出了攀西四大矿区中 TFe、TiO_2、V_2O_5、Cr_2O_3 在钛磁铁矿、钛铁矿、硫化物中的大致分配规律。各矿区铁、钛、钒、铬资源在钛磁铁矿、钛铁矿、硫化物中的分配率见表 3-1。

表 3-1 各矿区铁、钛、钒、铬资源在钛磁铁矿、钛铁矿、硫化物中的分配率（%）

矿区	成分	分配率				备注
		钛磁铁矿	钛铁矿	硫化物	其他	
攀枝花	TFe	75.99 ~83.69	23.32 ~12.37		1.69 ~ 3.94	
	TiO_2	55	42		3	
	V_2O_5	95.16 ~90.71				
	Cr_2O_3					
白马	TFe	70.48	26.78 ~25.16		2.74 ~4.34	
	TiO_2	48.66				
	V_2O_5	96.99				
	Cr_2O_3					
太和	TFe	73.03	25.29 ~25.14		1.68 ~1.83	
	TiO_2	32.76	61.24		6	
	V_2O_5	87.99				
	Cr_2O_3					
红格	TFe	72.51	26.13 ~24.05		1.36 ~3.44	
	TiO_2	25.7				
	V_2O_5	88.87				
	Cr_2O_3					

注：本表数据由吴本羡等《攀枝花钒钛磁铁矿工艺矿物学》各章节内容整理而得。

表 3-1 内数据实际也基本反映了各矿区钒钛磁铁矿在选矿过程中铁、钛、钒在铁精矿、钛精矿和硫化物中的分配率。只是不同的开采区段有一定的波动范围。

3.4.2 铁、钛、钒、铬主要矿物特性

3.4.2.1 钛磁铁矿矿物特性

钛磁铁矿是铁、钛、钒、铬等组分的主要载体矿物，钛磁铁矿系固溶体分解作用形成的产物，固溶体中含量较多的溶剂组分所形成的矿物为主矿物（主晶）即磁铁矿，含量较少的溶质组分形成的矿物称客晶矿物（客晶），有钛铁晶石、钛铁矿、镁铝尖晶石等。

A 钛磁铁矿的产状

攀西地区钒钛磁铁矿成矿条件基本相同，岩浆晚期所产出的钛磁铁矿、粒状钛铁矿基本特征相似。由于成矿时地质条件的差异，矿浆物理、化学成分的变化，使不同矿区、相同矿区不同层位的钛磁铁矿有一定的差异，可见图 3-1 和图 3-2。

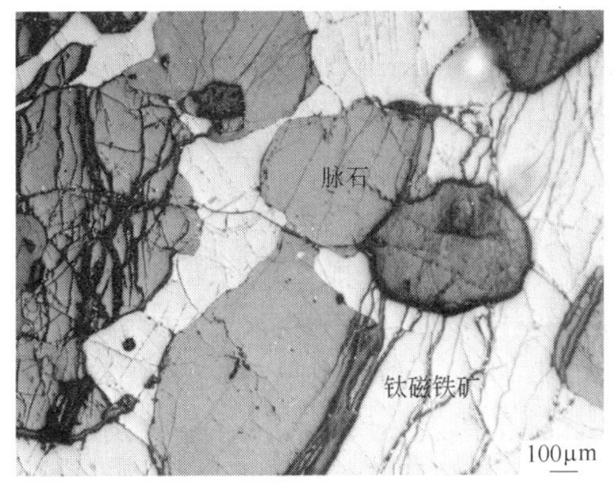

图 3-1 岩浆期后分异的钛磁铁矿交代早期形成的脉石

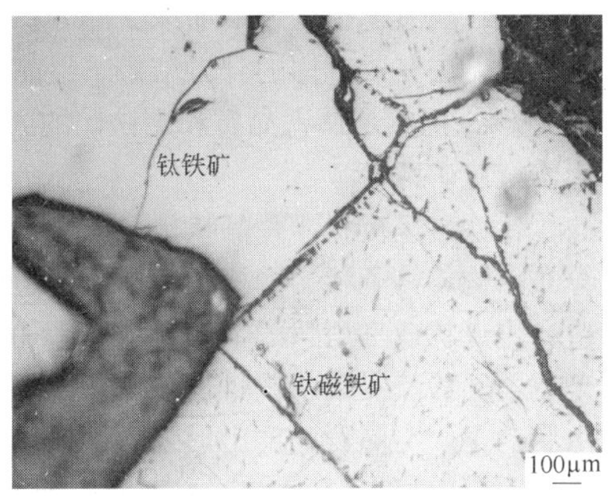

图 3-2 钛铁矿与钛磁铁矿共生

（1）岩浆晚期形成的钛磁铁矿，以单体和集合体形式与粒状钛铁矿密切共生，多呈自形晶、半自形晶和它形晶粒状结合体，充填于早结晶的脉石矿物间隙中，粒度较粗，接触界线平坦易于解离，是钒铁精矿的主要回收对象。

（2）岩浆早期形成的钛磁铁矿，呈自形、半自形晶嵌布在橄榄石、辉石、角闪石晶体中或粒间，形成嵌晶结构和嵌晶状团粒结构。这种产状的钛磁铁矿在矿石中占极次要位置。红格矿区比较发育，一般分布在各韵律层底部，尤其是岩体底部。

（3）伟晶期形成的钛磁铁矿，与钛铁矿形成它形粒状集合体，充填在斜长石、辉石颗粒间，粒度粗，数量少。

（4）固溶体分离的钛磁铁矿，呈细小片晶状分布于粒状钛铁矿、辉石、橄

榄石、角闪石、斜长石解理裂隙中，形成砂钟构造、闪光构造。

（5）自变质磁铁矿，是橄榄石蚀变析出物，粒细，量极少，不含钛。

（6）热液作用产出的纯净磁铁矿与黄铁矿密切共生，不含钛，矿物量少。

B 钛磁铁矿主晶矿物特征

磁铁矿是钛磁铁矿复合体中的主矿物，经探针系统测定，钛、钒、铬、镓、钴、镍、镁和铝等元素取代铁的相应的质点，呈类质同象存在。根据磁铁矿晶胞参数值以及秋本（Akirnotoetal）实验结果计算磁铁矿中仍含有0~14%的钛铁晶石分子。矿石中90%以上的钒赋存于钛磁铁矿中，更确切地说是赋存于钛磁铁矿主晶磁铁矿中，不同矿区含铬量差异极大，将另讨论。

C 钛磁铁矿客晶矿物特征

钛磁铁矿的客晶矿物主要为钛铁晶石、钛铁矿、镁铝尖晶石等。

钛铁晶石（$2FeO \cdot TiO_2$）为显微片晶状，沿磁铁矿方向与尖晶石平行分布构成布纹状和盒子状结构，片晶厚0.0005~0.001mm，其含量随矿石品级增高而增多；随氧化程度逐渐加深，部分钛铁晶石已钛铁矿化。因晶粒太细，目前测试手段无法获取单体的分析结果。经晶胞值计算，钛铁晶石中的磁铁矿成分可高达41%，仍然是钛铁晶石和磁铁矿的固溶体。经计算TiO_2为29.64%，主要分布于攀枝花矿区。

钛铁矿呈板状、片晶状，显微片晶沿磁铁矿和晶面呈两组或三组均匀有规律分布，构成格子状、网格状、平行四边形或三角形架状连晶。在钛铁矿片晶中常包有尘点状或三角状的尖晶石垂直于片晶边缘排列，钛铁矿片晶的大小与矿石类型有关，稀疏浸染状矿石以片晶状为主，而中等浸染状矿石则以显微片晶状、蠕虫状为主。尖晶石的产出形态与钛铁矿片晶产出形态相反，钛铁矿成片晶状时，尖晶石一般呈自形-半自形粒状；钛铁矿呈显微片晶状、蠕虫状时，尖晶石多为串珠状。

镁铝尖晶石［$(Mg \cdot Fe)(Al \cdot Fe)_2O_4$］成分复杂，铝、镁、铁、铬、锰呈类质同象替换，根据其成分，可细分为镁铝尖晶石、镁铁尖晶石、镁铁铬尖晶石、铬尖晶石等，主要是镁铝尖晶石，其产出形态可分为片晶状、粒状和细点状等。片晶呈串珠状、纺锤状，片晶厚度为0.001~0.005mm，沿磁铁矿与钛铁晶石平行排列，形成格架状、布纹状和盒子状结构，在钛磁铁矿中普遍分布，其含量随矿石品级增高而增多。粒状镁铝尖晶石多为自形晶、半自形晶，粒度变化大，一般为0.005~0.05mm，少数可达0.1mm，其含量随矿石品级增高而增多。镁铝尖晶石质坚硬，莫氏硬度7.5。探针分析其成分，除红格矿区外，其他三矿区主成分含量近似。

D 钛磁铁矿的次生变化

钛磁铁矿次生和表生变化是弱的，但普遍存在，主要在风化矿中，其次为绿泥石化，少量褐铁矿化。

由于风化、蚀变程度不同，交代现象常沿着钛磁铁矿的边缘、裂隙及钛铁矿片晶进行，交代钛磁铁矿中的磁铁矿，残留钛铁矿片晶，形成交代残留结构。矿石中强风化矿样品磁赤铁矿化普遍，形成云雾状、花斑状，而全风化矿及弱风化矿中的钛磁铁矿的磁赤铁矿化较为少见。其原因为磁赤铁矿是磁铁矿的不稳定氧化产物，前者已变化为褐铁矿，后者矿石中的钛磁铁矿才刚开始氧化。

绿泥石化在岩浆期后热液作用下，绿泥石沿钛磁铁矿边部、裂隙、解理发生选择性交代。此种交代现象，各矿区普遍发育。对攀枝花矿绿泥石交代进行剖析，按绿泥石交代的强弱划分为三等，“强”指钛磁铁矿约50%被绿泥石交代，“中”指钛磁铁矿25%左右被绿泥石交代，“弱”指钛磁铁矿小于10%被绿泥石交代。

3.4.2.2 钛铁矿矿物特性

钛铁矿是主要含钛的工业矿物，本书研究的钛铁矿是指与钛磁铁矿密切共生的粒状钛铁矿，在选铁工艺中进入磁选尾矿，是回收钛精矿的物料。

钛铁矿为稳定型矿物，但在岩浆晚期或岩浆期后受热液蚀变时，为白钛石、锐钛矿轻微交代。钛铁矿常见到叶片状双晶（见图3-3）、聚片双晶或格子状双晶。钛铁矿内部结构远不及钛磁铁矿内部结构复杂，但钛铁矿也是由主客晶矿物组成的复合矿物，反映矿物生成时固溶体分解的特点。客晶矿物由钛磁铁矿、镁铝尖晶石、赤铁矿和镁钛矿组成。客晶矿物量变化大（0.1%～20%），绝大多数小于3%。客晶矿物皆以微细片晶沿钛铁矿呈定向、断续排列。片晶宽度明显分为两类，即粗（2～3μm）和细（1～0.5μm）。前者在中倍镜下易发现，后者放大400倍方可见到，油浸观察更为清晰。

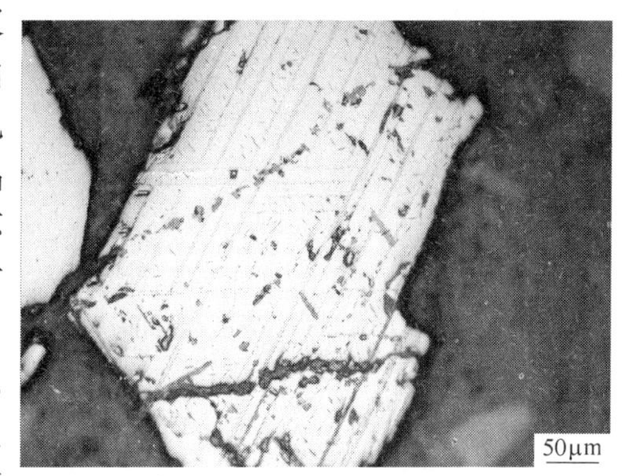

图3-3 具叶片状双晶的钛铁矿

A 钛铁矿的产状

钛铁矿的产状与钛磁铁矿的产状基本一致，按生成时期与结构特点可划分为以下几类：

（1）岩浆早期形成的产物，以自形晶为主嵌布在橄榄石、辉石和角闪石晶粒中的包体，形成嵌晶状结构，粒度较细，量少，无独立开采层位。

（2）岩浆晚期形成的粒状钛铁矿，与钛磁铁矿密切共生，是钛铁矿主要成矿期，是主要利用的对象，以自形晶-半自形晶-它形晶与钛磁铁矿连晶或呈单体充填嵌布于脉石矿物间隙中。结晶形态与矿石构造关系十分密切，矿石构造真实反映矿石品级，即富矿钛铁矿以自形晶-半自形晶为主；贫矿以它形晶、半自形晶为主，无论其结晶形态差异，晶粒一般较粗，以0.5～0.2mm为主，该类产出形式占粒状钛铁矿的95%以上。

（3）伟晶期的钛铁矿，粒度较粗大，常与钛磁铁矿呈它形粒状集合体分布在伟晶辉长岩和伟晶辉石岩中，量相对较少。

（4）固溶体分离形成的钛铁矿，主要在钛磁铁矿中呈板状、片状和粒状存在，部分在普通辉石、角闪石、橄榄石及斜长石矿物中呈细片状（一般小于3μm）沿解理密集分布，粒状钛铁矿嵌布特征简单，与其他矿物接触界线平直，易于解离成单体。

B 钛铁矿主客晶矿物特征

钛磁铁矿呈片晶状，片晶以2～3μm为主，往往与镁铝尖晶片晶相间连续排列。红格矿区钛铁矿中钛磁铁矿片晶普遍存在。白马、太和、攀枝花矿钛磁铁矿片晶相对较少产出，片晶以细的为主。

镁铝尖晶石分粒状和片晶状两种，粒状一般分布在钛铁矿边缘，粒径均小于8μm，形态各异，片晶状与钛磁铁矿片晶产出相同。

镁钛矿反射率近于或略低于钛铁矿，片晶宽小于0.1μm，沿钛铁矿晶面密集分布，高倍油浸下方可分辨，红格矿区钛铁矿中易见。钛铁矿 TiO_2 含量超出理论值，系镁钛矿含量增高所致，镁钛矿 TiO_2 理论值为63.77%。镁钛矿-钛铁矿化学组成Mg-Fe呈完全类质同象。

C 钛铁矿的次生变化

钛铁矿为稳定型矿物，在表生氧化作用下钛铁矿基本是很稳定的，但在岩浆晚期或岩浆期受热液蚀变时，会被金红石、锐钛矿、钙钛矿、榍石、白钛石从钛铁矿边缘和裂隙轻微交代。

金红石常呈不规则粒状与锐钛矿、钙钛矿、榍石一起交代钛铁矿，在辉长岩矿石中比较常见，粒度0.02～0.5mm。

锐钛矿量少，常与金红石、榍石相伴交代钛铁矿，它的反射率比金红石稍低，非均性不明显。

钙钛矿是比较常见的钛矿物，主要呈两种形态产出。第一种呈自形-半自形粒状，常发育于裂隙中，红格矿常见。第二种呈它形粒状交代钛铁矿产出。榍石是比较常见的次生钛矿物，主要交代钛铁矿生成，在破碎的矿石中较为发育，粒径为0.01～0.1mm。

3.5 钒钛磁铁矿中铁、钛、钒、铬的含量与分布

2011～2012 年，我们对攀西四大矿区的主要矿段原矿、岩石样和选矿产品样采样分析，各个样品的 TFe、TiO_2、V_2O_5、Cr_2O_3 的分析测试结果见表 3-2～表3-5。

表 3-2 白马矿区铁、钛、钒、铬资源的含量与分布 （%）

样品类型	样品名称	元素（或化合物）含量			
		TFe	TiO_2	V_2O_5	Cr_2O_3
原矿样	白马田家村北矿区 Fe_2	29.58	7.3	0.26	0.008
	白马田家村北矿区 Fe_3	26.41	6.52	0.23	0.0028
	白马田家村北矿区 Fe_4	12.34	3.08	0.092	0.002
	白马岌岌坪南矿区 Fe_1	49.00	10.27	0.55	0.37
	白马岌岌坪南矿区 Fe_2	31.74	6.47	0.25	0.016
	白马岌岌坪南矿区 Fe_3	30.09	7.02	0.26	0.04
	白马岌岌坪南矿区 Fe_4	20.9	4.96	0.18	0.018
	白马岌岌坪北矿区 Fe_2	32.31	7.72	0.27	0.0075
	白马岌岌坪北矿区 Fe_3	27.59	6.87	0.23	0.0079
	白马岌岌坪北矿区 Fe_4	17.86	4.35	0.15	0.0047
岩石样	白马岌岌坪岩石样	8.5	1.91	0.069	0.0039
生产样	铁精矿	56.22	10.56	0.61	0.021
	总尾矿	14.93	4.68	0.068	0.0027

表 3-3 攀枝花矿区铁、钛、钒、铬资源的含量与分布 （%）

样品类型	样品名称	元素（或化合物）含量			
		TFe	TiO_2	V_2O_5	Cr_2O_3
原矿样	兰山中部ⅤFe_3	21.00	8.12	0.15	0.0021
	兰西ⅧFe_1	48.75	14.62	0.42	0.0100
	兰山中部ⅥFe_2	40.64	13.66	0.35	0.0160
	朱矿西部ⅧFe_3	27.6	9.05	0.21	0.0009
	朱矿中部ⅣFe_3	24.23	10.48	0.17	0.0082
	朱矿中部ⅥFe_3	45.53	17.19	0.36	0.0046
	朱矿中部ⅥFe_2	45.40	16.53	0.38	0.0170
	朱矿中部ⅧFe_1	42.69	14.23	0.33	0.0028
	朱矿中部ⅧFe_2	43.56	16.41	0.29	0.0059

续表3-3

样品类型	样品名称	元素（或化合物）含量			
		TFe	TiO_2	V_2O_5	Cr_2O_3
原矿样	朱矿西部ⅥmFe	19.50	6.36	0.14	0.0020
	尖山 Fe_1	50.19	15.78	0.46	0.0016
	尖山 Fe_2	15.53	16.36	0.41	0.0120
	尖山 Fe_3	48.62	8.99	0.19	0.0081
	尖山 mFe	24.23	6.14	0.12	0.0045
岩石样	兰山顶板	13.67	4.14	0.096	0.0065
	兰山顶板大理岩	—	0.11	0.0012	0.001
	兰山采场中粒辉长岩	6.79	2.11	0.045	0.0007
	朱矿顶板 w	3.89	1.14	0.019	0.0047
	朱东底板 w	10.81	2.19	0.043	0.13
	尖山辉长岩	9.33	2.71	0.056	0.0058
	尖山角闪片麻岩	10.93	4.2	0.055	0.12
	尖山大理岩	—	0.24	0.0026	0.001
生产样	铁精矿	54.04	13.05	0.49	0.015
	钛精矿	31.22	45.26	0.068	0.0067
	硫钴精矿	34.15	12.45	0.055	0.0018
	选钛尾矿	13.75	10.04	0.061	0.004
	总尾矿	13.22	7.78	0.059	0.0039

表3-4 太和矿区铁、钛、钒、铬的含量与分布 (%)

样品类型	样品名称	元素（或化合物）含量			
		TFe	TiO_2	V_2O_5	$Cr_2O_3/10^{-4}$
原矿样	1号样原矿	45.62	18.14	0.44	35.80
	2号样原矿	47.80	14.95	0.52	56.90
	3号样原矿	26.32	10.36	0.25	4.72
	4号样原矿	17.10	10.4	0.15	5.05
岩石样	5号样围岩	9.46	3.02	0.09	90.30
	6号样围岩	5.40	1.91	0.03	36.90
生产样	铁精矿	57.11	11.45	0.69	106.00
	钛精矿	35.47	44.14	0.11	31.60
	硫钴精矿	0.11	1.98	0.04	3.99
	总尾矿	10.83	5.68	0.07	11.70

表 3-5 红格矿区铁、钛、钒、铬资源的含量与分布 (%)

样品类型	样品名称	元素（或化合物）含量			
		TFe	TiO_2	V_2O_5	Cr_2O_3
原矿样	南矿区铜山表内矿	32.52	19.95	0.3	0.031
	南矿区马松林	44.96	15.67	0.42	0.360
	北矿区东矿段 1760 北平段一区	16.33	8.80	0.13	0.0016
	北矿区东矿段 1760 中部	45.65	16.62	0.44	0.067
	北矿区西矿段豪段 1700 中部	21.62	5.42	0.13	0.470
	北矿区西矿段 1750 水平中部	16.86	9.21	0.13	0.0022
岩石样	南矿区铜山表外矿	15.21	4.67	0.10	0.150
	南矿区马松林表外矿	18.21	10.12	0.13	0.200
生产样	龙蟒原矿	22.90	9.35	0.20	0.032
	干式预选尾矿	9.19	3.53	0.06	0.018
	铁精矿	55.79	13.32	0.61	0.100
	选钛入料	19.36	19.85	0.09	0.017
	选钛作业强磁尾矿	10.73	7.15	0.06	0.016
	钛精矿	33.09	47.06	0.06	0.014

3.6 铁、钛、钒、铬的一般工业指标

据《铁、锰、铬矿地质勘查规范》（DZ/T 0200—2002），铁矿床地质勘查一般工业指标见表 3-6 ~ 表 3-8。

表 3-6 炼钢用铁矿石一般工业指标

矿石类型	TFe /%	主要有害组分最大允许含量/%			其他有害成分/%	最小开采厚度/m		夹石剔除厚度/m	
		SiO_2	S	P		露天矿	坑内矿	露天矿	坑内矿
磁铁矿石	≥56	≤13	≤0.15	≤0.15	Cu≤0.2	2 ~ 4	1 ~ 2	1 ~ 2	1
赤铁矿石					As≤0.1				

表3-7 炼铁用铁矿石一般工业指标

矿石类型	TFe/%	主要有害组分最大允许含量/%			其他有害成分/%	最小开采厚度/m		夹石剔除厚度/m	
		SiO_2	S	P		露天矿	坑内矿	露天矿	坑内矿
磁铁矿石	≥50	18	≤0.30	≤0.25	Cu≤0.2 Pb≤0.1	2~4	1~2	1~2	1
赤铁矿石					As≤0.07 Zn≤0.1				
褐铁矿石					Sn≤0.08				
菱铁矿石					F≤1.0				

表3-8 需选铁矿石一般工业指标

矿石类型	边界品位 TFe/%	工业品位 TFe/%	最小开采厚度/m		夹石剔除厚度/m	
			露天矿	坑内矿	露天矿	坑内矿
磁铁矿石	≥20 (mFe≥15)	≥25 (mFe≥20)	2~4	1~2	1~2	1
赤铁矿石	≥25	28~30				
褐铁矿石	≥20	≥25				
菱铁矿石	≥25	≥30				

据《铁、锰、铬矿地质勘查规范》(DZ/T 0200—2002),金红石及钛铁矿砂矿床地质勘查一般工业指标见表3-9。钒矿地质勘查一般工业指标见表3-10,铬矿石品位及开采条件一般工业指标见表3-11。

表3-9 金红石及钛铁矿砂矿床地质勘查一般工业指标

矿床类型		边界品位/%	最低工业品位/%	最小开采厚度/m	夹石剔除厚度/m	剥采比
砂矿(矿物)/kg·m^{-3}	金红石	1	2	0.5		≤4
	钛铁矿	10	15	≥0.5~1	≥0.5~1	
原生矿(TiO_2矿物)/%	金红石	1	1.5	1	1	

表3-10 钒矿地质勘查一般工业指标

类型	边界品位 V_2O_5/%	最低工业品位 V_2O_5/%	最小开采厚度/m	夹石剔除厚度/m
单独矿床	0.5	0.7	≥0.7	≥0.7
伴生矿床	≥0.1~0.5		不作要求	

表 3-11 铬矿石品位及开采条件一般工业指标

类型		内生矿床	
		富矿	贫矿
Cr_2O_3	边界品位/%	≥25	≥5～8（围岩含矿品位的2倍）
	最低工业品位/%	≥32	≥12
最小开采厚度/m		单矿层0.5，富矿层每一层单层0.3	1.0
夹石剔除厚度/m		0.5	1.0

3.7 钛、钒、铬资源利用现状及潜力分析

3.7.1 钛资源的利用现状及潜力分析

3.7.1.1 钛资源开发利用现状

钛的综合利用一直是攀西资源综合利用的重中之重。经过不懈努力，攀钢依靠自己的力量成功地从选铁尾矿中回收了以钛铁矿形式存在的部分钛资源。攀钢于1978年采用“重选—磁选—电选”流程，建成了年产5万吨的选钛厂，后来尽管对设备和控制系统进行了多次改造，但该工艺始终存在湿式、干式并存，生产流程复杂，操作条件苛刻，生产成本高等问题，特别是无法回收微细粒钛铁矿，导致钛的实际回收率仅为4%左右。

面对新形势，攀钢对选钛流程进行了大幅改造，目前“强磁—全浮”流程已成为主导流程，并通过技术攻关，攻克了微细粒级钛铁矿回收的难题，形成具有自主知识产权的产业成套技术和装备，选钛回收率得到了大幅提高。攀钢集团矿业有限公司采用新工艺，钛的回收率对原矿计算的回收率达到近20%；四川龙蟒矿冶有限责任公司采用全粒级强磁—浮选技术，钛的总回收率对原矿的回收率达25%以上；四川安宁铁钛股份有限公司钛的总回收率对原矿的回收率可达25%以上。攀钢集团矿业有限公司选钛工艺流程见图3-4和图3-5。四川安宁铁钛股份有限公司选矿工艺流程见图3-6。主要矿山企业选钛相关指标见表3-12。

表 3-12 攀西地区主要矿山企业选钛相关指标

企业名称	选矿入选品位（TiO_2）/%	TFe/TiO_2	铁精矿中 TiO_2 的比例/%	钛精矿/%	
				品位	回收率
攀钢集团矿业有限公司	12.17	2.29	46.7	47.34	18.46
攀钢集团攀枝花新白马矿业有限责任公司	6.63	4.29	48.66		
重钢西昌矿业有限公司	12.54	2.69	50.04	47.51	20.44

续表 3-12

企业名称	选矿入选品位（TiO_2）/%	TFe/TiO_2	铁精矿中 TiO_2 的比例/%	钛精矿/%	
				品位	回收率
攀枝花龙蟒矿产品有限公司	11.2	2.36	25.7	45.73	26
四川安宁铁钛股份有限公司	9.67	2.58	24.57	47	29.42
攀枝花青杠坪矿业有限公司	6.1	3.98	45.06		
攀枝花中禾矿业有限公司	6.02	3.55	38.9		20～25

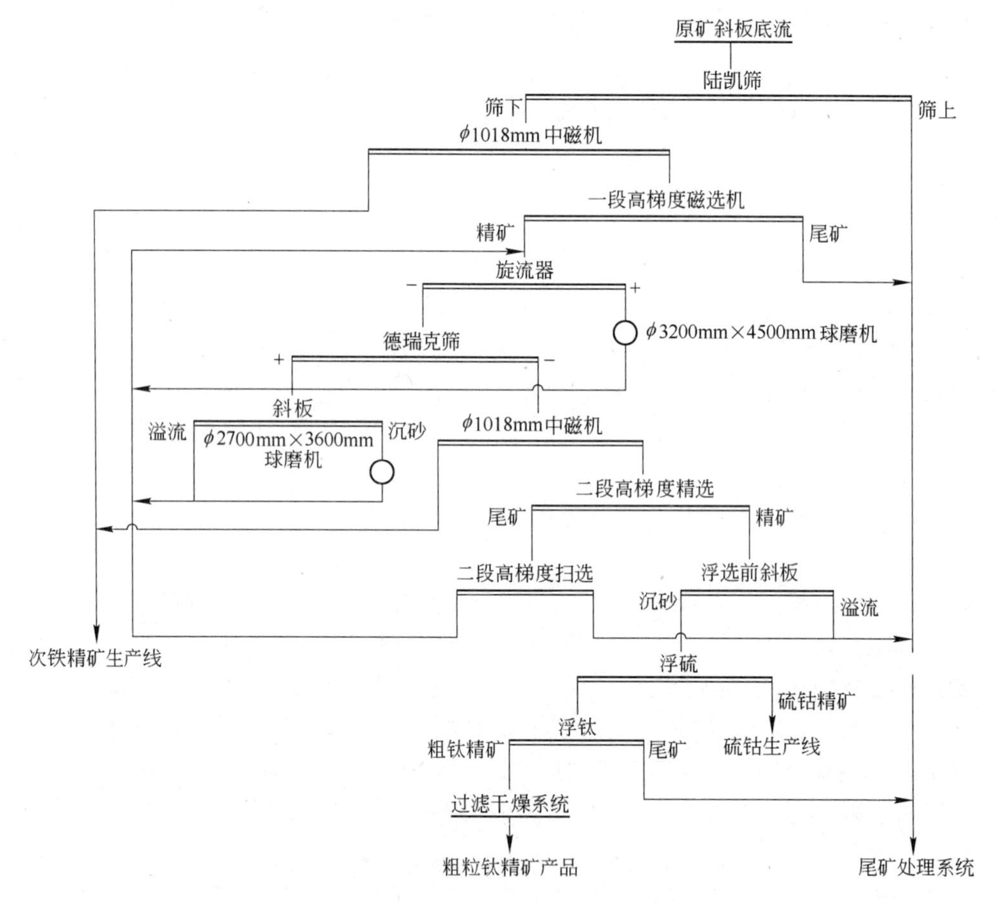

图 3-4　攀枝花粗粒级强磁—浮选选钛流程图

3.7.1.2　钛资源深加工技术现状

由于攀枝花钛精矿品位低，氧化镁、氧化钙等杂质含量高，不能作为氯化法钛白的原料，只能用于硫酸法钛白生产。攀钢集团矿业有限公司为将钛精矿加工为富钛料，进行了大量试验研究，取得不少阶段成果。在此基础上攀钢与乌克兰国家钛设计院和大连重工集团合作，建设年产 18 万吨钛渣生产项目，已建成投产。攀西钒钛工业园区内 2011 年底已有 11 家钛渣生产企业投产，年产能 47.5 万吨，有一家自主研发的 3 万千伏安的全密闭钛渣炉已投产试运行。

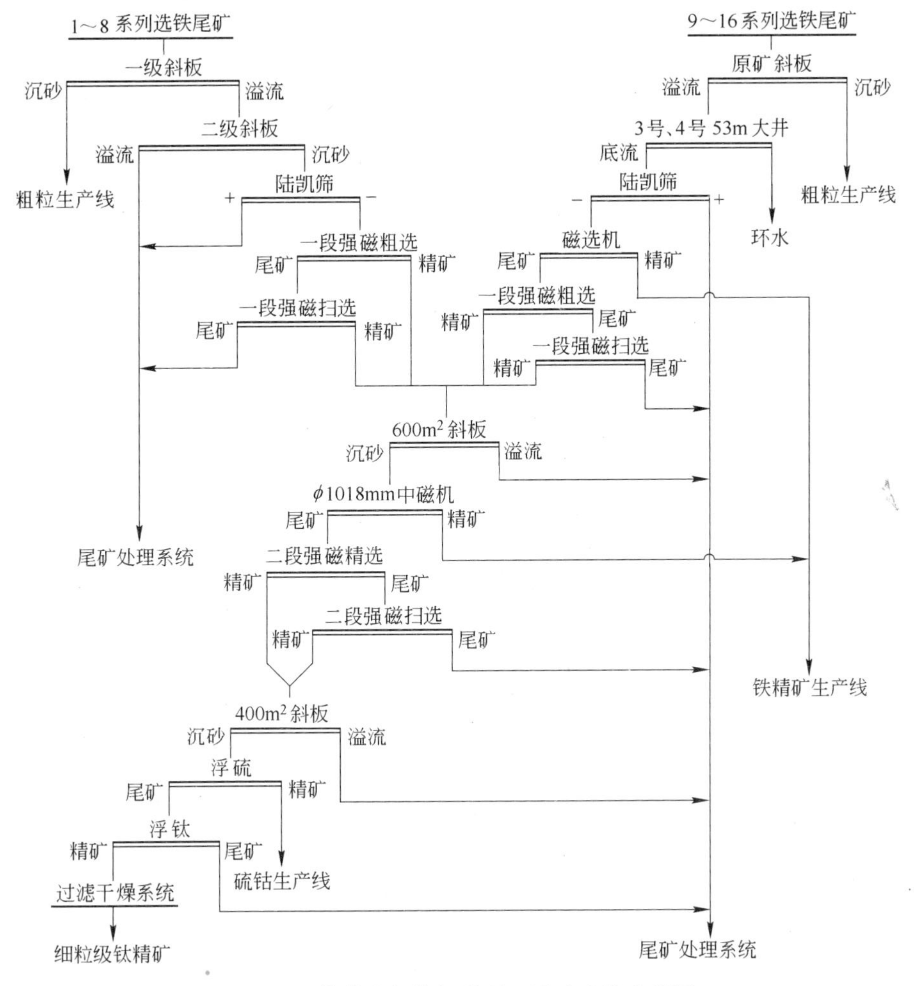

图 3-5 攀枝花细粒级强磁—浮选选钛流程图

攀钢有三个钛白粉厂，钛白粉年产能达到 6 万吨以上，其中有 1.5 万吨的氯化法钛白，该生产线是我国目前唯一的氯化法钛白生产线。攀西地区已形成了 28 万吨钛白粉、2.75 万吨海绵钛、2000 吨钛锭的生产能力。

在钛白粉品种开发方面，分别开发出了不同用途、具有国内领先水平的 PTA120、R258、R298、R308 等产品，高档、专用、特种钛白粉在攀西地区出现了好的发展势头。

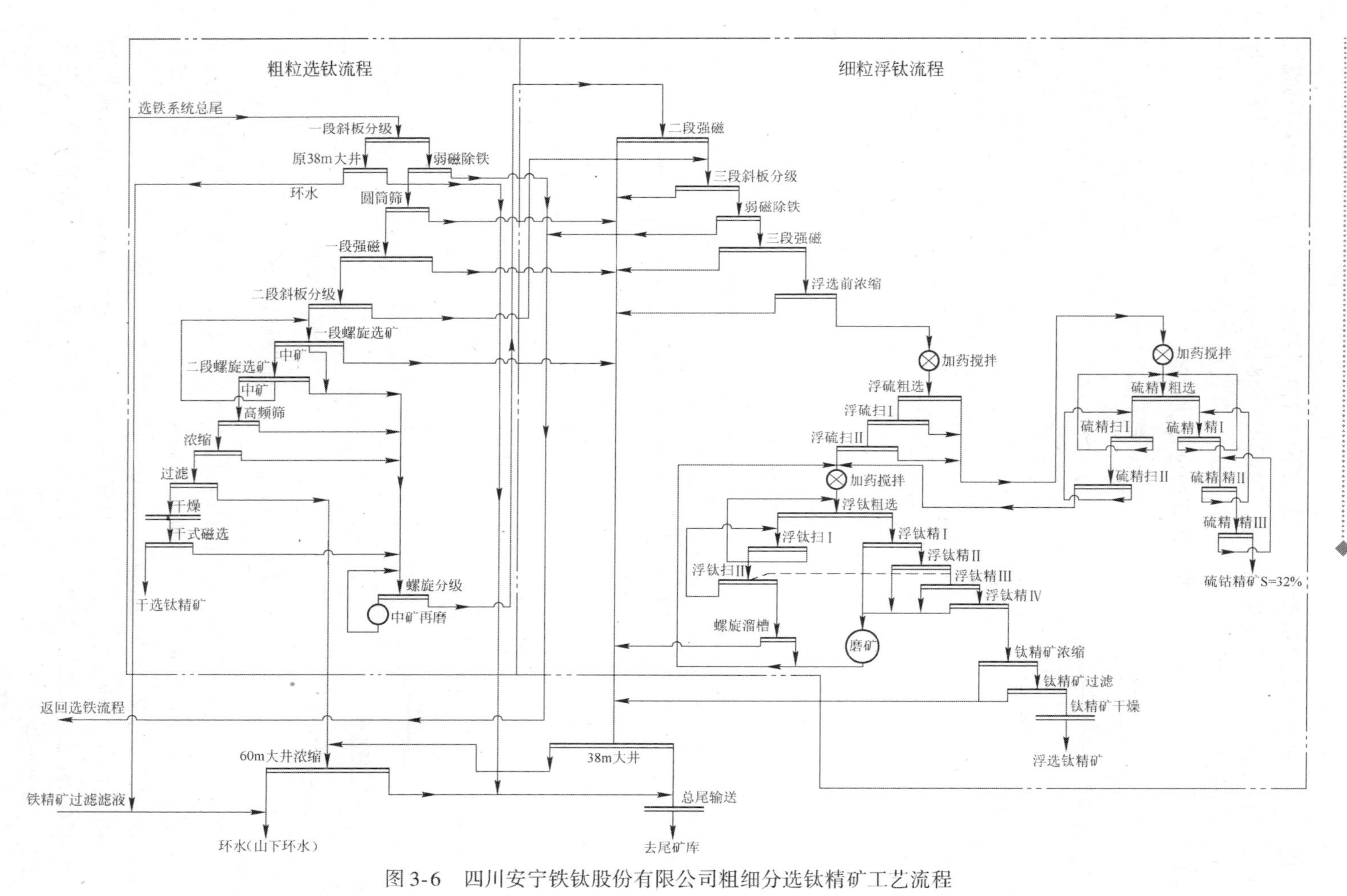

图3-6 四川安宁铁钛股份有限公司粗细分选钛精矿工艺流程

高炉渣中钛资源的有效回收利用方面，在众多试验方案中高温碳化、低温氯化工艺技术较具有优势，有关方面称计划要建设年处理高炉渣3万吨、年产$TiCl_4$ 1万吨的试验生产线，含钛高炉渣的利用出现了一个好的苗头。

3.7.1.3 钛资源开发利用潜力分析

在深入调查的基础上，通过对矿石样品的分析测试数据和岩矿鉴定结果进行研究分析，对攀西钒钛磁铁矿开发利用主要共伴生组分钛回收利用的潜力有了一些初步认识。

A 最终尾矿含TiO_2偏高，钛资源利用率有较大的提升空间

目前，选铁尾矿中粒状钛铁矿是提钛的主要对象，从取得的分析测试数据中可知，目前各矿区选铁工艺中，TiO_2进入铁精矿的比例从24.57%到50.04%，有较大的差别，各矿山钛精矿的回收率也应当有较大的不同。目前各矿山取得的回收率还不能完全反映这种差别，同时，调查和测试数据也反映出各矿山存在排出尾矿的TiO_2品位偏高的现象，选钛工艺流程还不能完全适应各矿区矿石的工艺特性，有提高钛资源利用率的潜力存在。

以攀钢集团矿业有限公司为例，据张裕书、周满赓等对该公司选钛厂目前选钛流程的详细技术考查，目前选钛流程排放的总尾矿产率为91.49%，TiO_2品位为6.79%，损失率为64.93%。从尾矿粒度筛析结果及矿物成分测试结果可知，总尾矿在-0.038mm级别的产率为41.1%，TiO_2品位为9.68%，损失分布率约为58.49%。通过对高于总尾矿TiO_2品位6.79% 5个点（TiO_2损失率对选铁尾矿为37.66%）进行分析，发现15个点中有7个点为欠合理损失，上述7个点的产率为22.13%，TiO_2损失率为25.85%。总尾矿粒度筛析结果见表3-13，总尾矿矿物成分测试结果见表3-14，选钛流程中，高于总尾矿TiO_2品位6.79% 15个点的TiO_2损失合理性情况见表3-15。

表3-13 总尾矿粒度筛析结果 (%)

取样号	取样点	粒级/mm	+0.4	+0.154	+0.1	+0.074	+0.045	+0.038	-0.038	累计
155	总尾矿	产率	7.60	11.60	6.70	14.90	14.10	4.00	41.10	100.00
		TiO_2品位	2.98	5.29	5.37	3.96	5.29	7.19	9.68	6.80
		分布率	3.33	9.02	5.29	8.67	10.97	4.23	58.49	100.00

表3-14 总尾矿矿物成分测试结果 (%)

矿物名称	占比	铁金属含量	铁分布率	钛金属含量	钛分布率
脉石	86.20	7.61	59.87	1.03	15.12
硫化物	1.03	0.62	4.88	—	—
钛铁矿	10.62	3.19	25.10	5.52	81.06

续表 3-14

矿物名称	占比	铁金属含量	铁分布率	钛金属含量	钛分布率
钛磁铁矿	2.15	1.29	10.15	0.26	3.82
总量	100.00	12.71	100.00	6.81	100.00
品位	—	12.92	—	6.79	—
平衡系数	—	98.37	—	100.29	—

表 3-15 高于总尾矿 TiO_2 品位 6.79% 15 个点的 TiO_2 损失合理性情况 (%)

取样点	产率	TiO_2 品位	TiO_2 损失率	合理性及建议
粗浮斜板溢流	0.59	20.29	1.25	欠合理，建议进入细粒回收系统
粗浮过滤斜板溢流	0.30	19.04	0.60	合理
浮硫斜板溢流	1.49	13.00	2.02	合理
浮硫扫 2 尾矿	0.77	21.25	1.71	合理
二级斜板溢流	9.46	8.51	8.36	欠合理，建议重选设备
陆凯筛筛上	2.37	7.46	1.84	欠合理，建议重选设备
感应盘式强磁选精矿	1.71	11.04	1.99	合理
一段弱磁机次铁精矿	5.97	11.56	7.26	欠合理，建议进入铁回收系统
二段弱磁机精矿	1.17	12.68	1.55	欠合理，建议进入铁回收系统
600m^2 斜板溢流	0.23	14.96	0.37	欠合理，建议重选设备
浮选前斜板溢流	2.34	21.23	5.22	欠合理，建议重选设备
浮钛扫 2 尾矿	5.62	7.67	4.52	较合理，但粗粒部分应回收
200m^2 过滤斜板溢流	0.01	22.05	0.01	合理
100m^2 过滤斜板溢流	0.02	31.63	0.05	合理
细浮过滤溢流	0.32	27.34	0.91	合理
合计	32.37	11.12	37.66	

总尾矿中 58.49% 钛的金属量损失于-0.038mm 粒级，这是目前机械选矿无法很好选别的部分；+0.038mm 这部分欠合理，损失回收率达 10.73%，如采取措施回收，选钛厂钛的回收率可望增至 40% 以上，钛的回收率有 10% 以上的提升空间，关键要加强对-38μm 细粒级钛铁矿回收技术的研究。

对红格北矿区目前的选钛生产流程进行了全面考查，发现目前在全粒级强磁—浮选工艺中，强磁选作业对-0.075mm 级别中的钛铁矿回收效果差，浮选工艺对+0.15mm 级别的钛铁矿回收效果不好，中矿再磨前浓缩作业溢流钛矿物的损失率较大，建议对该作业设备或操作条件进行合理改造。加强选铁粗粒尾矿中钛铁矿的回收，提高选矿厂钛铁矿的回收利用率。开展浓密池沉砂选钛生产线合理分选粒度、合理流程结构与药剂研究，以便进一步提高选钛厂钛铁矿的回收利用率。

这里列举的两个选钛厂的工艺技术在攀西地区属于前列水平，由此可以认为攀西地区钒钛磁铁矿的选钛水平仍有较大的提升空间。

B 直接还原法是增加钛资源利用量的补充途径

钒钛磁铁矿开发利用的主流程中，进入铁精矿继而进入高炉渣中的 TiO_2 目前还没有回收利用的方法，致使资源中钛的利用率不高。直接还原法可以弥补这个不足。目前的试验是以钒钛磁铁矿铁精矿为原料，配入少量煤粉，采用“转底炉煤基直接还原—电炉熔分”新工艺流程，即将钒钛磁铁矿铁精矿与普通煤粉混合，再冷压成球块，送入转底炉，在1300℃左右高温下快速还原，得到金属化率75%～85%的还原铁，再送入熔分电炉中，熔化后得到含 TiO_2 大于50%的钛渣，含钒、铬0.3%～0.6%的合金铁水。铁水脱硫后，经提钒转炉吹炼钒、铬渣，余下铁水经炼钢转炉炼制成含有钒、铬的低合金钢水，进而铸成钢坯。目前试验取得了很大的进展，但还存在能耗高、炉龄短、流程未完全打通等问题。近年李元坤等采用深度精选后的铁精矿、钛精矿按9∶1混合，直接进行电炉熔炼的试验，在新的工艺条件下，实现铁、钛、钒的有效分离，获得高品位的酸溶性钛渣。该项试验有待进行扩大规模的验证。这些流程或其他直接还原装置一旦有突破，无疑可以作为高炉流程的重要补充，提供更多的钛原料。

C 低品位矿的利用是钛资源利用的新增长点

攀西钒钛磁铁矿原定的工业指标是根据矿石含铁的品位确定的，原定含全铁20%～15%的矿石为表外矿。长期以来由于经济效益的制约，表外矿未能利用。近年来各矿山企业都纷纷把低品位矿的利用提上日程，开采品位不断下调，其原因一方面是由于粗粒抛尾的选矿技术的进步，更主要的原因是表外矿中的 TiO_2/TFe的比值高，分选容易，利用价值高。攀西地区钒钛磁铁矿101亿吨探明资源储量中有近40%为表外矿。2013年四川省国土资源厅已发文，将钒钛磁铁矿的最低工业品位和边界品位分别降为17%和13%，低品位的矿石资源量也会大幅增加。可以预计，表外矿利用程度的提高，在钛资源的利用方面将会发挥巨大的潜力。

有些低品位矿石，含铁品位不足，没有达到工业品位，但从钛资源的角度，在钛的市场需求强劲的情况下，有可能具有利用价值。加强有关研究，考虑对攀西钒钛磁铁矿原定工业指标进行修订，同时可以考虑把钛作为共生矿产单独制定工业指标，以充分发挥资源的利用价值。

D 高炉渣中钛资源的利用技术有望取得突破

钒钛磁铁矿高炉冶炼炉渣中约含22%～23%的 TiO_2，其品位高出铁精矿的一倍，但是由于经过高温熔炼后存在于炉渣相中的钛的赋存状态与矿石不同，物质结构形态完全进行了重新组合，使其分离提取变得非常复杂和困难。大量的科研院所和厂矿经过长期的技术攻关，取得了不少的技术成果，其中比较有前景的有“高温氮、碳化—低温氯化”生产 $TiCl_4$ 的方法，和“含钛炉渣保温结晶—破碎、磨矿分选”技术方案。尽管目前这些方法还有不足，但只要坚持努力，一旦有突破，将会为钛资源的利用发挥很大的发展潜力。

3.7.2 钒资源的利用现状及潜力分析

3.7.2.1 钒资源开发利用现状

钒钛磁铁矿中的伴生元素钒，在选矿过程中一般有80%以上进入铁精矿。铁精矿经过配料烧结、高炉冶炼，钒富集于铁水中。将含钒铁水在高温液态下氧化，形成钒渣（进一步提取钒的含钒物料），实现综合回收。四大矿区典型矿山钒资源选矿回收利用概况见表3-16。

表3-16 四大矿区典型矿山钒资源选矿回收利用概况 （%）

矿区	V_2O_5在钛磁铁矿中的分配率	原矿 V_2O_5 含量	铁精矿 V_2O_5 含量	铁精矿 V_2O_5 回收率
攀枝花	90.71 ~ 95.16	0.3	0.55	80 ~ 88
白马	96.99	0.28	0.71	80
太和	87.99	0.22	0.46	>80
红格	88.87	0.24	0.61	62

我国钒渣生产工艺经历了两个发展阶段。第一阶段是雾化提钒，虽实现钒的分离回收，但是工艺流程热损失大，控制困难，钒回收率低（60% ~ 75%）。第二阶段是转炉提钒，转炉提钒的回收率一般可达85% ~ 90%。目前，攀钢集团的转炉提钒技术处于世界一流水平。总体来说，钒的回收水平还不高，并有较大波动，以攀钢为例，攀钢钒渣生产各阶段 V_2O_5 含量及回收率见表3-17。

表3-17 攀钢钒渣生产各阶段 V_2O_5 含量及回收率 （%）

名 称	原 矿	铁精矿	铁 水	钒 渣	至钒渣总收率
V_2O_5 含量	0.30	0.55	0.29（以含V量计）	17.28 ~ 21.07	
V_2O_5 回收率	100	88.89	67.0	70 ~ 85	41.7 ~ 50.6

3.7.2.2 钒渣深加工技术现状

攀西钒钛磁铁矿矿山企业自主研发成功钒氮合金生产技术，首创了非真空条件下碳化、氮化反应同步连续进行的钒氮合金产业化生产新技术，打破了美国对全球市场的垄断，建成了年产2000t三氧化二钒生产线和年产2000t钒氮合金生产线。

采用生产五氧化二钒的清洁生产工艺，年产500t试验厂项目获得成功，成果已通过评审，万吨级的生产线已在西昌建成。流态化制取三氧化二钒目前正在进行试验，成功后可减少氨的污染，提高生产效率。

高效节能的钒电池有多家单位在研发，并有很大进展，成功后将为钒的应用打开一个大市场。

3.7.2.3 钒资源开发利用潜力分析

钒的总体回收水平还不高，并有较大波动，在以下方面具有适度提高的潜力：

（1）进一步优化和稳定吹钒技术参数，能提高钒氧化率和回收率。高炉渣和半钢带走的钒达到30%以上，这方面的损失还有一定的下降空间。

（2）进入各种瓦斯灰和吹钒烟尘的钒有回收的必要和可能。

（3）钒在高炉冶炼中进入生铁的比例偏低，目前无调控手段，加强相关基础理论研究，会有所改观。

此外，攀西钒钛磁铁矿中钒的提取利用渠道比较分散，除攀钢集团有限公司以外，西昌地区的钢铁厂、昆明钢铁控股有限公司、首钢水城钢铁（集团）有限责任公司、威远钢铁有限公司等都具有冶炼提钒的能力，但钒的回收利用水平存在差异，还不稳定，甚至有的含钒铁精矿流向不具备提钒条件的钢铁厂，使钒资源存在一定的流失现象。加强规划和管理，攀西钒钛磁铁矿钒资源利用率也具有一定的提高空间。

3.7.3 铬资源的利用现状及潜力分析

3.7.3.1 铬资源开发利用现状

铬（Cr_2O_3）主要赋存于钛磁铁矿中，以Cr^{3+}形态与铁以类质同象存在。在选矿过程中，铬（Cr_2O_3）在铁精矿中可得到一定程度的富集。在攀西钒钛磁铁矿中，铬含量不平衡，红格南矿区铬含量高于其他矿区，经过选矿，精矿Cr_2O_3最高可以达到1%。Cr_2O_3在四大矿区生产矿山铁精矿及红格南矿区中的含量见表3-18。

表3-18 Cr_2O_3在四大矿区生产矿山铁精矿及红格南矿区中的含量（%）

矿物	铁精矿中含量				红格南矿区中的含量			红格北矿区西段1700中部
	攀钢	白马	太和	龙蟒	马松林段	马松林表外矿	铜山表外矿	
Cr_2O_3	0.015	0.021	0.0001	0.1	0.36	0.2	0.15	0.47

目前，红格南矿区还没有进行开发，而攀西地区生产矿山矿石中铬含量低，红格北矿区目前开采层位矿石的铬含量也达不到经济回收的水平，没有铬的产品。

3.7.3.2 铬资源开发利用潜力分析

A 相关政策对红格矿区铬的开发利用提出了要求

在本书相关调研工作中，发现绝大部分企业缺少铁精矿中铬的分析数据，而2012年国土资源部发布的《四川攀西钒钛磁铁矿开发利用“三率”指标要求（试行）》对铬的综合利用率（红格南矿区）（Cr_2O_3从原矿计算至铁钒精矿）提出了一定的要求，这必将要求红格南矿区资源开发利用可行性研究要考虑铬资源的利用技术或者是处理方法，将会促进铬资源开发利用技术的发展。

B 红格矿区铬资源利用具备一定的技术基础

2005年根据攀钢集团有限公司对红格矿区的开发规划，攀钢成立攀枝花矿产资源综合利用攻关队伍，开展“红格矿钒铬渣提取钒铬工艺研究”课题，对红格矿提钒进行深入研究，采用“矿热炉熔融还原—感应炉吹钒铬渣工艺”，在模拟高炉配料条件下，矿热炉熔融还原分离良好，钒铬渣 V_2O_5 为 5.64% ~ 6.41%，Cr_2O_3 为 10.13% ~ 15.10%。从还原生铁至钒铬渣，钒氧化率为92.3%，回收率为84.1%；铬氧化率为91.7%，回收率为81.3%。试验研究成果为今后从红格矿区含铬较高的矿段的生产中回收提取铬资源打下了良好的基础。制取钒铬渣工艺见图3-7，提取钒铬试验流程见图3-8。提取钒铬各工序收率及总收率见表3-19。

表3-19 钒铬渣提取钒和铬产品各工序收率 (%)

工艺	原料处理	焙烧	浸出	沉钒	沉铬	熔化或煅烧	总收率
钒收率	≥98	93	94.43	≥93.29		96.00	≥77.08
铬收率	≥98	95	97.40	98.21	99.00	96.00	84.64

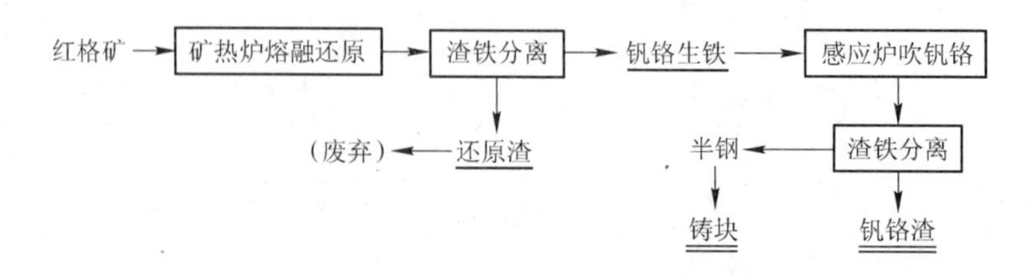

图3-7 制取钒铬渣工艺流程图

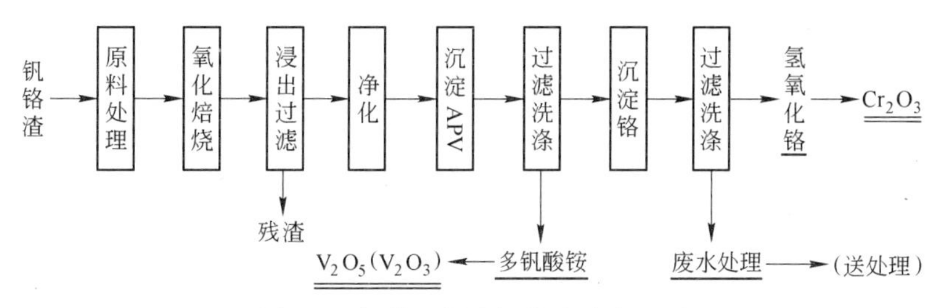

图 3-8 钒铬渣提取钒铬试验流程图

总体来说，红格北矿区的某些矿段和南矿区马松林的铬资源开发利用具有利用潜力，而且各矿区深部，随着含矿岩体基性程度的增加，超基性岩体增多，矿石含铬量提高，铬的回收利用潜力加大。

第4章 钴、镍、铜、硫资源特点及利用潜力

4.1 钴、镍、铜、硫的性质

钴（Co）是一种具有光泽的白色金属。钴有16种天然和人造同位素。钴60（^{60}Co）是广泛使用的γ射线源，半衰期为5.26年。钴与铁、镍的性质很相似，统称为铁族元素。钴镍铁合金是很好的磁性材料。钴的熔点为1495℃，沸点为2930℃，常温下密度为8.9g/cm^3，硬度为5.6。钴具有强而稳定的磁性，其居里点（1115℃）比任何金属和合金都高。此外，钴是唯一能增加铁的磁化的元素。钴为不活泼的金属，块状金属钴在300℃以下时，与水和空气不起反应，在高温下能与非金属及氧化合；粉末状的钴在室温下很快就可被空气氧化。钴易溶于硝酸，并能逐渐溶于稀盐酸和硫酸。

镍（Ni）是银白色金属，属铁族元素。在许多物理化学性质上，镍与同族的铁和钴相似。在各类岩石中，超基性岩镍含量最高，基性岩次之。镍的密度为8.8~8.9g/cm^3，硬度为5，熔点为1455℃，沸点为3075℃，具有良好的机械强度和延展性，难熔，在空气中不氧化等特性。镍有磁性，但在加热到365℃时失去磁性。镍的杂质含量对其性能有显著影响。镍和一氧化碳反应可生成羰基镍，其在43℃时沸腾，180℃时分解为镍和一氧化碳。盐酸、硫酸、有机酸和碱性溶液对镍的侵蚀极慢，只有稀硝酸是镍的强侵蚀剂，强硝酸能使镍表面钝化而具抗蚀性。

铜（Cu）是一种紫红色的金属，硬度为2.5~3，密度为8.5~9g/cm^3，熔点为1083℃，沸点为2567℃。铜的延展性和导热性强，导电性高，还具有良好的化学稳定性，容易与锌、铅、镍、铝、钛等熔成合金的性能。

硫（S）是典型的亲铜元素。单质硫呈粉末状和块状，淡黄色，有三种同质多象变体，即α-硫（斜方晶系）、β-硫和γ-硫（均为单斜晶系），其中α-硫（称自然硫，在95.6℃以下的自然条件下是稳定的），晶体为锥状、板状。自然界中硫一般以自然元素矿物（自然硫）、硫砷化合物矿物（硫铁矿，系黄铁矿、白铁矿、磁黄铁矿的统称）、硫酸盐矿物和气态的硫化氢存在。常见硫的化合物主要为负二价，在硫酸盐中呈正六价。自然硫硬度为1~2，密度为2.05~2.08g/cm^3，熔点为112.8℃，着火点为248℃，沸点为444.6℃，易溶于二硫化碳，不溶于水和酸，略溶于乙醇和醚类，不传热，不导电，在248~261℃时易

燃烧生成二氧化硫，并呈蓝色火焰。自然硫具热膨胀性，并随温度而变化，加热至112.8℃时呈易流动的液体，继续加热呈黏稠状，加热至200～250℃时又呈液体，加热至444℃时沸腾为硫蒸气，遇冷形成粉状硫（硫华）。自然硫的这种特殊性为钻井热水溶法开采提供了有利条件。

在当前的技术经济条件下，有工业利用价值的主要含硫矿物有四种，其中自然硫属自然元素矿物，其他是硫的化合物，见表4-1。

表4-1 硫的主要矿物

名称	化学式	硫含量/%
自然硫	S	理论成分为100%，但随杂质含量不同变化较大
黄铁矿	FeS_2	53.45
白铁矿	FeS_2	53.45
磁黄铁矿	$Fe_{1-x}S$（x=0.1～0.2）	38.8～40.11

4.2 钴、镍、铜、硫的用途

钴的主要用途是制造耐热合金，在航空工业和涡轮制造业中有广泛的应用。另外钴还是制造磁性合金的主要原料。钴和铬、镍一样用来制作各种合金，如精密合金、热强合金、硬质合金、焊接合金等以及各种合金钢。钴钢比钨钢、钼钢、铬钢都硬，抗磨、抗腐蚀，高温下仍保持很高的机械强度，所以用来制造车床、凿岩机械、燃气轮机的叶轮、喷气发动机及导弹火箭的发动机部件和喷嘴等。含钴的永久磁铁在电子、电气工业中有着重要作用。钴制成的耐酸、膨胀合金是重要的高压电阻材料和电镀材料。有机和无机钴盐用在油漆、搪瓷、陶瓷、染料、玻璃彩色剂、石油和煤加工（催化剂）等工业中。放射性同位素钴60用来治疗癌症，并在冶金部门用以检查金属铸件的裂缝。青霉素中加入适量钴，可提高医疗效果。对造血有特殊作用的维生素B_{12}，其中钴含量达到4.5%。超耐热合金类的一些钴合金，被用来制造假肢。牙科用到的填补剂也需要钴的合金。

据《世界矿产资源年评（2008～2009）》，2008年全世界钴需求量为56656t，世界精炼钴产量为56000t，供应量为40959t。美国年消费钴约9300t，回收废钴2010t，回收废钴量约占消费量的21.5%。我国生产的钴仅占消费量的22%～27%。世界范围内，由于利用非洲（赞比亚）矿渣规模化生产钴，开辟了钴资源供应的新途径，国际市场供应充足，价格逐步回落。

镍是一种十分重要的有色金属原料，其主要用途是制造不锈钢、高镍合金钢和合金结构钢以及被广泛用于飞机、雷达、导弹、坦克、舰艇、宇宙飞船、原子反应堆等各种军工制造业。在民用工业中，镍还可作陶瓷颜料和防腐镀层。镍钴合金是一种永磁材料，广泛用于电子遥控、原子能工业和超导工艺等领域。在化学工业中，镍常用作氢化催化剂，高镍钢还可以制化学制品。镍可以制造各种器械，如坩埚、管材、仪器、蒸发器和散热器以及通信器材等。近年来，在彩色电视机、磁带录音机和其他通信器材等方面，镍的用量也正在迅速增大。

据《世界矿产资源年评（2005）》，世界镍的消费构成为：不锈钢 65%；其他合金钢占 5%；非铁合金主要是镍基合金和铜基合金占 10% ~15%；电镀、镍镉电池和翻砂铸造等占 15%。2008 年年底，世界精炼镍的消费量为 132 万吨，世界精炼镍的产量为 137 万吨。近年来，世界镍的市场供应趋紧，但世界镍资源储量较充足。

铜被广泛应用于国民经济各部门，铜在电气工业中用量最大，此外，在国防、机械制造、有机化工、工艺美术、农业中均有使用。例如，铜用来制造电线、电缆、电机设备；黄铜用来制造枪弹和炮弹；白铜用来制造舰艇和发电设备冷凝器和热变换器；无氧铜用来制造超高频电子管；铍青铜用来制造航空仪表的弹性元件；锡青铜用来制造轴承、轴套；铝青铜用来制造物理仪器、精密仪器、齿轮及医疗器械；康铜和锰铜用作高温电阻材料；铜基合金用于形状记忆金属。铜的化合物在农业上用来制造杀虫剂和除草剂。铜还是防腐油漆的主要成分。

据《世界矿产资源年评（2008 ~2009）》，2008 年年底世界精炼铜年消费量为 1816 万吨，同年，世界精炼铜的产量为 1848 万吨，回收铜废料 495 万吨，占精炼铜总产量的 25%。世界铜矿山年产量为 1553 万吨。世界市场供大于求。长期以来，我国铜供应不足。2008 年国内铜产量仅占年消费量的 74%。目前，我国铜的年消费量居世界第一位。据估计，2020 年以前，这种情况仍将持续。

硫主要用于制取硫酸，少量用于炼制硫黄。硫酸主要用于生产化肥（如硫酸铵、过磷酸钙等）和磷酸，其他还用于生产各种无机酸、硫酸盐和无机盐产品。硫酸的其他用途是：在有机化工生产中用于酸化、磺化、催化等方面；在冶金工业中用于钢铁、镍等金属酸洗，有色金属冶炼；在颜料工业中用于生产钛白粉、立德粉；其他还用于石油精炼、造纸、农药、塑料、树脂、有机玻璃、医药、烟花爆竹、火柴、农药和杀虫剂、各种炸药和发烟剂，并可作为面粉、淀粉和白糖的漂白剂。高品位硫精矿制酸后的烧渣可作为高标号硅酸盐水泥原料。硫的消费形式有两种，即元素硫和硫酸，全球 80% ~85% 的硫用以生产硫酸。硫的一般消费结构包括：农业化工业（主要是磷肥）占 62%，炼油业占 16%，金属矿开采业占 3.7%，其他占 18.1%。

据《世界矿产资源年评（2013）》，世界硫的年需求量为 6070 万吨，各种形式硫的年生产量为 6840 万吨。目前，全球可供工业利用的硫资源主要有从石油天然气中回收的硫、煤和油页岩中的硫、金属硫化物共伴生的硫、硫铁矿和自然硫五种。其中油气中回收的硫和金属硫化物共伴生的硫是主要硫源，这些作为副产品回收的硫占全球硫年生产总量的92%。近年来，我国年均生产硫846万吨，其中420万吨硫来自黄铁矿；330万吨硫来自其他方式，比如金属冶炼回收等；96万吨硫来自于自然硫。

4.3 钴、镍、铜、硫资源状况

世界钴矿资源丰富。据《世界矿产资源年评（2013）》，2012年年底世界钴探明储量750万吨，主要分布在刚果（金）、澳大利亚、古巴、赞比亚、俄罗斯、新喀里多尼亚（法）、加拿大。目前，世界已查明的陆地钴资源量约1500万吨，大部分伴生于古巴、新喀里多尼亚（法）和菲律宾的红土镍矿中；另一部分，伴生于岩浆型铜镍硫化物矿床中，主要分布在俄罗斯、加拿大和澳大利亚等国；伴生在砂岩型铜矿中的，主要分布在刚果（金）和赞比亚；少量伴生于热液多金属和矽卡岩铁铜矿中。此外，大洋深海的多金属结核和海山区钴结壳中，尚有潜在钴资源量约1480万吨，可充分满足人类发展的需求。

我国钴矿资源不多，以共伴生为主，产量受铜镍主矿产量制约。至2010年底，我国钴矿查明基础储量9万吨，查明资源储量68万吨，主要矿区有甘肃金川镍矿，吉林红旗岭铜镍矿，新疆喀拉通克铜镍矿、哈密香山铜镍矿、哈密黄山东矿，山东泰安铁矿，湖北大冶铜矿。目前，钴矿石尚能满足国内需求。

世界镍矿资源丰富。据《世界矿产资源年评（2013）》，至2012年年底，世界镍矿探明金属储量达7500万吨，主要分布在澳大利亚、俄罗斯、古巴、加拿大、新喀里多尼亚（法）、南非、印度尼西亚和中国，以上地区镍矿储量占总储量的91%。世界陆地镍资源量为1.3亿吨（1%左右），其中红土型镍矿占60%，伴生钴、铁等元素，主要分布在地球赤道附近的古巴、新喀里多尼亚（法）、印度尼西亚、菲律宾、巴西、哥伦比亚、多米尼加等地；镍矿40%属于岩浆型铜镍硫化物矿床，伴生矿产较多（铜、钴、铂等），主要分布在加拿大、俄罗斯、澳大利亚、中国、南非、津巴布韦和博茨瓦纳等国。另外，在大洋底部的多金属结核、钴结壳中有19.1亿吨镍。

至2010年年底，我国镍矿查明基础储量312.1万吨，主要集中在甘肃，约占全国查明资源储量的55%；其次分布在新疆、云南、吉林、四川、陕西和青海六省（区），约占36%。据预测，我国镍矿资源（小于500m垂深）的潜力大于上千万吨，成矿远景区域主要分布在新疆、甘肃、吉林、四川等省（区），2000~2010年，随着不锈钢产量的大幅度提高，我国镍的进口量逐年增加。

世界铜矿资源丰富，广泛分布在世界各地。至2012年底，世界铜探明储量为6.3亿吨，主要分布在智利、美国、印度尼西亚、秘鲁、波兰、墨西哥、中国、澳大利亚、俄罗斯、赞比亚等国。世界铜金属储量超过500万吨的超大型铜矿有50多处。目前，已发现和查明的主要矿床类型和储量为：斑岩型占总储量的55.3%，砂页岩型占总储量的29.2%，黄铁矿型占总储量的8.8%，铜镍硫化物型占总储量的3.1%，合计占世界总储量的96.4%；其他（次要）矿床类型占3.6%。据美国地质调查局估计，世界陆地铜资源量为30亿吨，大洋深海底和海山区的锰结核中的铜资源量为7亿吨。此外，大洋底或深海多金属硫化物矿床也含有大量的铜资源。

我国是世界上铜矿较多的国家之一。至2010年年底，铜矿查明基础储量2870.7万吨，查明资源储量8040.7万吨，资源量主要分布在江西、西藏、云南、内蒙古、山西、甘肃、新疆、四川、湖北等省（区）。据预测，我国铜矿资源（小于500m垂深）的潜力大于1.8亿吨，成矿远景区域主要分布在西南三江地区、东天山地区、西藏一江两河地区、藏东地区、青海东昆仑—可可西里等地区。

据《世界矿产资源年评（2013）》，世界硫矿资源丰富，主要分布在中国、加拿大、波兰、沙特阿拉伯、美国、墨西哥和西班牙。在石油、天然气、沥青砂岩及金属硫化物中伴生的硫资源量巨大；煤、油页岩和有机质页岩及石膏、硬石膏中的硫数量也较大。

我国硫矿资源有硫铁矿、伴生硫铁矿和自然硫。至2010年底，硫铁矿矿石查明基础储量159152.1万吨；自然硫128.26万吨；伴生硫12645.2万吨。硫铁矿和伴生硫铁矿是我国主要的硫资源。自然硫因品位低、矿层薄、透水性差、含泥量和有机质高而难以利用。硫铁矿主要分布在内蒙古、安徽、广东、贵州、四川和云南，占全国硫铁矿总量的68%；伴生硫主要分布在吉林、安徽、江西、广东、云南、陕西、甘肃、青海和新疆，占全国伴生硫的73%；自然硫主要分布在山东，其次是新疆和青海。

4.4 钴、镍、铜、硫的一般工业指标

单独钴矿床一般分为砷化钴矿床、硫化钴矿床和钴土矿矿床三类，前两种矿床的矿的工业利用性能和工业要求大体相同，钴矿床地质勘查一般工业指标见表4-2。

表4-2 钴矿床地质勘查一般工业指标

项 目	硫化钴（及砷化钴）	钴土矿
Co边界品位/%	≥0.02	≥0.3
Co最低工业品位/%	≥0.03～0.06	≥0.5
边界含矿率（钴土矿）/kg·m^{-3}		≥1
工业含矿率（钴土矿）/kg·m^{-3}		3～5
最小开采厚度/m	≥1	≥0.3～1
夹石剔除厚度/m	1	
剥采比		<1

据《铁、锰、铬矿地质勘查规范》（DZ/T 0200—2002），镍矿床地质勘查一般工业指标见表4-3。

表4-3 镍矿床地质勘查一般工业指标

项目	硫化镍石				氧化镍-硅酸镍矿床
	原生矿石		氧化矿石		
	坑采	露采	坑采	露采	
Cu边界品位/%	0.2~0.3	0.2~0.3	0.7	0.7	0.5
Cu最低工业品位/%	0.3~0.5	0.3~0.5	1	1	1
Cu矿床平均品位/%	0.8~2.0	0.6~1.0	1.5	1.2	
最小开采厚度/m	1	2	1	2	1
夹石剔除厚度/m	≥2	≥3	≥2	≥3	1~2

据《铁、锰、铬矿地质勘查规范》（DZ/T 0200—2002），铜矿床地质勘查一般工业指标见表4-4。

表4-4 铜矿床地质勘查一般工业指标

项目	硫化矿石		氧化矿石
	坑采	露采	
Cu边界品位/%	0.2~0.3	0.2	0.5
Cu最低工业品位/%	0.4~0.5	0.4	0.7
Cu矿床平均品位/%	0.7~1.0	0.4~0.6	
最小开采厚度/m	1~2	2~4	1
夹石剔除厚度/m	2~4	4~8	2

据《铁、锰、铬矿地质勘查规范》（DZ/T 0200—2002），硫铁矿矿床地质勘查一般工业指标见表4-5。

表4-5 硫铁矿矿床地质勘查一般工业指标

项目		指标
S边界品位/%		8
S最低工业品位/%		14
最小开采厚度/m		0.7~2.0
夹石剔除厚度/m		1~2
有害组分最大允许含量/%	As	0.1（酸洗流程）或0.2（水洗流程）
	F	0.05（酸洗流程）或0.1（水洗流程）
	Pb+Zn	1
	C	5~8

续表 4-5

项　目	指　标	
硫铁矿矿石品级划分 /%	Ⅰ级品 S	≥35
	Ⅱ级品 S	25 ~ 35
	Ⅲ级品 S	14 ~ 25

4.5 钴、镍、铜、硫赋存状态及矿物特性

钒钛磁铁矿中的钴、镍、铜元素以硫化物相、铁钛氧化物相和硅酸盐相存在。后两种矿物，对钴、镍、铜而言，无独立利用的价值，只有硫化矿物是综合利用钴、镍、铜、硫等元素的对象。研究好硫化矿物的赋存状态，钴、镍、铜的赋存状态迎刃而解。

4.5.1 硫化物的赋存状态

攀西地区钒钛磁铁矿无论何矿区、矿点，不同类型、不同层位和不同品级的矿石皆普遍分布有硫化物。

硫化物种类繁多，包括少量砷化物和锑化物在内共计 33 种。不同种类矿物量差别很大，其中主要的矿物为磁黄铁矿和黄铁矿，合量占硫化物总量 90% 以上。金属矿物比较常见的有黄铜矿、镍黄铁矿和钴镍黄铁矿、紫硫镍矿和钴紫硫镍矿，微量的有辉钴矿和镍辉钴矿、硫钴矿和硫镍钴矿、针镍矿、马基诺矿、哈帕来矿、墨铜矿、方黄铜矿等。

在攀西钒钛磁铁矿中，硫化物主要呈它形晶粒状或集合体分布于脉石矿物间隙或铁钛氧化物与脉石矿物接触处，接触界线平坦光滑，粒度较粗，少数呈不规则粒状、乳滴状，包于钛磁铁矿、钛铁矿中，或呈半自形晶粒、板条状、针状、羽毛状分布于脉石矿物中，粒度中等偏细，一般为 0.025 ~ 0.06mm，细的小于 0.002mm。少量沿钛磁铁矿粒隙间呈细脉状、网脉状产出，粒度细、含量少、不易分离，硫化物的分布特征见表 4-6。相关赋存状态见图 4-1 及图 4-2。

表 4-6 中的数据说明，各矿区矿石中的硫化物分布很分散，其中有 60.85% ~ 77.58% 嵌布于脉石中，足见硫化物回收利用的困难。

表 4-6　硫化物分布特征表　(%)

矿 区	钛磁铁矿	钛铁矿	脉石（总）	合 计
攀枝花	34.89	4.26	60.85	100.00
白马	22.64	9.30	68.06	100.00
太和	17.31	17.13	65.56	100.00
红格	13.00	9.42	77.58	100.00

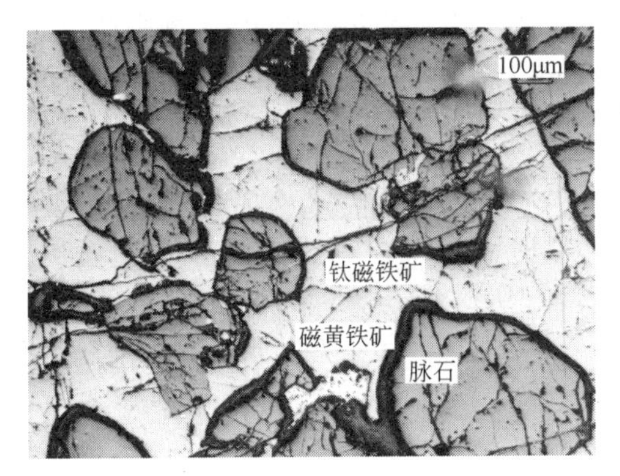

图 4-1 磁黄铁矿与钛磁铁矿、脉石共生

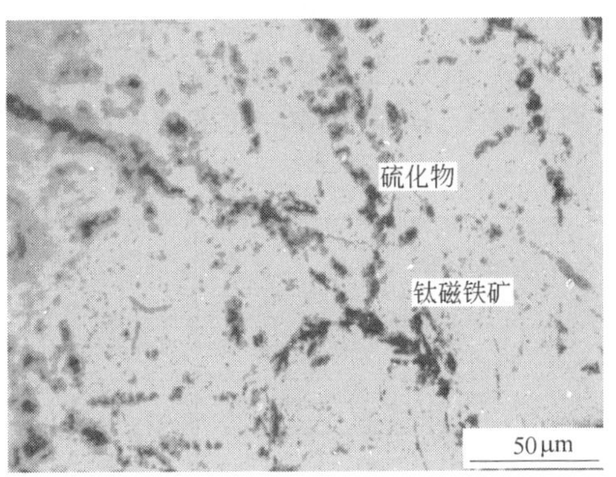

图 4-2 钛磁铁矿中的硫化物

4.5.2 硫化物主要的矿物特征

4.5.2.1 磁黄铁矿

磁黄铁矿是各矿区的主要硫化物，分布十分广泛。粒状磁黄铁矿中常常含有镍黄铁矿、紫硫镍矿、硫钴矿、硫镍钴矿等包体，与黄铁矿、黄铜矿紧密共生。各矿区矿物紧密共生有别，攀枝花矿区磁黄铁矿主要与黄铁矿共生；白马矿区和红格矿区。磁黄铁矿和黄铜矿共生更为密切。磁黄铁矿经表生氧化作用分解成胶状——隐晶质的黄铁矿和极细微的磁铁矿混合物。当磁黄铁矿受表生氧化时，其中的镍黄铁矿被紫硫镍矿轻微交代。磁黄铁矿中铁、钴、镍、铜、硫的含量见表 4-7。

表 4-7 磁黄铁矿中铁、钴、镍、铜、硫的含量 (%)

矿 区	TFe	S	Co	Ni	Cu
攀枝花	56.31	41.23	0.29	0.14	0.14
白马	61.25	37.03	0.30	0.73	0.74
红格	57.66	36.35	0.40	1.91	1.29

表 4-7 中的数据表明，各矿区主元素硫、铁含量尚有一定的差异。钴、镍、铜变化较大，这由磁黄铁矿自身 Co、Ni、Cu 含矿性的差异和微粒含钴镍矿物的混入而引起。

4.5.2.2 黄铁矿

黄铁矿是各矿区主要硫化物之一，分布广泛，其中太和矿区最为发育，白马矿区量少。黄铁矿以自形晶、半自形晶和它形晶粒状与磁黄铁矿构成不规则粒状集合体为主体，呈不规则脉状、网脉状。黄铁矿中普遍含钴和镍，由于可能有微粒黄铜矿混入，可能含有一定的铜。黄铁矿中铁、钴、镍、铜、硫的含量见表 4-8。

表 4-8 黄铁矿中铁、钴、镍、铜、硫的含量 (%)

矿 区	Fe	S	Co	Ni	Cu
攀枝花	47.16	50.78	0.68	0.20	
白马	47.34	51.82	0.10	0.59	0.20
太和①	41.55	53.45	3.95	0.43	0.29
红格	45.76	46.88	0.91	2.02	0.81

①电子探针分析结果，钴含量偏高。

4.5.2.3 黄铜矿

黄铜矿是主要铜矿物，分布普遍，多呈不规则粒状产于磁黄铁矿、镍黄铁矿、硫钴矿、硫镍钴矿集合体边部，或与黄铁矿连生，偶尔单独分布于硅酸盐矿物中。黄铜矿粒度粗细不均，变化较大，粗者可达 1 ~ 2mm，一般为 0.01 ~ 0.5mm，此外尚有呈片晶状、尘点状分布在硅酸盐矿物或磁黄铁矿中的，粒度为 0.005mm。黄铜矿中偶可见到方黄铜矿、马基诺矿包体，被斑铜矿、辉铜矿、铜蓝等次生铜矿物轻微交代。黄铜矿的含量相对而言，红格矿区、白马矿区较高，攀枝花矿区、太和矿区低，其高低随矿石基性程度增加而增高。黄铜矿中铁、钴、镍、铜、硫的含量见表 4-9。

表 4-9 黄铜矿中铁、钴、镍、铜、硫的含量 (%)

矿 区	Fe	S	Co	Ni	Cu
攀枝花	34.56	30.69			27.81
白马	31.48	35.06	痕	0.082	33.43
红格	33.37	34.19	0.094	1.08	31.56

4.5.2.4 镍黄铁矿

镍黄铁矿是红格、白马、攀枝花三矿区最主要的钴镍矿物，太和矿区不发育。镍黄铁矿产状主要有两种，一种多呈自形、半自形或它形粒状，粒度以红格矿区较大，为 0.1 ~ 0.2mm，变化范围为 0.01 ~ 0.5mm，白马、攀枝花、太和三矿区的粒度较小，为 0.01 ~ 0.05mm。这种镍黄铁矿和磁黄铁矿、黄铜矿紧密共生，少量自形颗粒单独嵌布于硅酸盐矿物间隙中。另一种呈叶片状、火焰状分布于磁黄铁矿的解理面、双晶面中，而且倾向于聚集在颗粒边部，是磁黄铁矿的固溶体分解产物，片晶宽度为 0.001 ~ 0.02mm。镍黄铁矿中钴、镍、铁、硫的含量见表4-10。

表4-10　镍黄铁矿中钴、镍、铁、硫的含量　（%）

矿　区	Fe	S	Co	Ni
攀枝花	25.2～28.1	29.9～34.4	12.6～16.0	23.7～27.9
白马	27.3～32.6	31.4～32.4	8.8～12.9	29.5～30.7
太和	30.0	40.0	5.0	25.0
红格	26.6～31.2	32.8～35.1	10.2～16.6	27.0～29.2

4.5.2.5　紫硫镍矿

紫硫镍矿是在次生氧化作用中交代镍黄铁矿生成的矿物，各矿区均可见到。紫硫镍矿主要分布于靠近地表的矿层和构造裂隙比较发育的深部地段，产状和粒度同镍黄铁矿，有粒状、叶片状、火焰状等形态，主要嵌布在磁黄铁矿晶粒、集合体之中。粒状紫硫镍矿中常保留有镍黄铁矿残晶，氧化作用较弱时，紫硫镍矿只沿镍黄铁矿边缘和解理局部交代。紫硫镍矿中钴、镍、铁、硫的含量见表4-11。

表4-11　紫硫镍矿中钴、镍、铁、硫的含量　（%）

矿　区	Fe	S	Co	Ni
攀枝花	16.8～21.3	30.6～36.3	33.7～39.7	9.9～10.0
白马	9.2	33.9	24.6	25.1
红格	11.0～17.5	32.8～38.0	10.0～16.2	16.0～28.3

钒钛磁铁矿矿体很大，据地勘部门勘探，各矿区皆有硫化物富集地段，但皆未构成以硫化物为主能独立开采的矿段，硫化物仍是钒钛磁铁矿的伴生组分，并且硫化物虽种类多，但矿物量少。硫化物中钴、镍、铜的含量差别大，吴本羡等对各矿区矿石中钴、镍、铜在硫化物相中的平均分布率的研究结果如表4-12所示，不同矿区综合样主要硫化物类别含量如表4-13所示。

表4-12　钴、镍、铜在硫化物相中的平均分布率　（%）

矿　区	Co	Ni	Cu
攀枝花	30.65	18.60	9.29
白马	33.01	62.59	69.26
太和	56.74	46.85	27.48
红格	52.31	47.48	52.08

从表4-12中的数据可以看到，各矿区硫化物中钴的含量，红格、太和明显高于攀枝花、白马；镍的含量，红格、白马明显高于攀枝花、太和矿；铜的含量与镍含量高低同步，红格、白马矿区硫化物含铜量高出攀枝花、太和矿区硫化物含铜量数倍。表4-13中的数据反映出太和矿区和红格矿区的辉长岩型矿石中的硫化物以黄铁矿为主。

表4-13 不同矿区综合样主要硫化物类别含量表 （%）

矿区	矿段	矿石类型	矿石中硫化物含量	硫化物各类矿物含量			
				磁黄铁矿	黄铁矿	黄铜矿	其他硫化物
攀枝花	兰家火山	辉长岩	1.62	87.51	11.74	0.67	0.17
	朱家包包	辉长岩	1.50	91.86	3.64		
	尖包包	辉长岩	1.50				
白马	岌岌坪	橄榄辉长岩	1.14～1.45	87.66	5.96	6.38	
	田家村	橄榄辉长岩	1.54～1.76	90.01	6.64	3.35	
太和		辉长岩	1.12	24.00	75.00	1.00	
红格	北矿区	辉长岩	1.70	21.18	78.14	0.54	0.14
		辉石岩	1.27	79.91	17.18	2.51	0.40
		橄榄岩	1.67	77.66	11.92	6.99	3.43
	南矿区	辉长岩	1.44	32.17	65.43	2.19	0.21
		辉石岩	1.30	67.99	26.45	3.61	1.95
		橄榄岩	1.60	90.06	3.61	2.68	3.65

硫化物被综合回收，可提取多种有益组分，而分散混入铁精矿和钛精矿中的均为有害杂质。由于磁黄铁矿、黄铁矿物化性质的差异，在选矿过程中走向不同，进入铁精矿中的硫化物以磁黄铁矿为主，与磁铁矿紧密镶嵌的黄铁矿次之，二者合量占硫化物总量的25%～30%。铁精矿中磁黄铁矿、黄铁矿钴、镍含量高出磁选尾矿中同一种矿物。铁精矿、磁选尾矿中黄铁矿、磁黄铁矿钴、镍含量见表4-14。

表4-14 铁精矿、磁选尾矿中黄铁矿、磁黄铁矿钴、镍含量 （%）

成分	Co				Ni			
矿区	铁精矿		磁选尾矿		铁精矿		磁选尾矿	
	黄铁矿	磁黄铁矿	黄铁矿	磁黄铁矿	黄铁矿	磁黄铁矿	黄铁矿	磁黄铁矿
攀枝花	0.363	0.313	0.184	0.261	0.235	0.147	0.103	0.139
白马	0.116	0.540	0.197	0.147	0.145	1.021	0.338	0.367
红格	1.095	0.406	0.458	0.308	0.952	2.078	0.242	0.738

4.6　钒钛磁铁矿中钴、镍、铜、硫的含量与分布

从2011年至2012年底，我们对攀西四大矿区的主要矿段原矿、岩石样和选矿产品样采样分析，各个样品的S、Co、Ni、Cu的分析测试结果见表4-15～表4-18。

表4-15　攀枝花矿区钴、镍、铜、硫资源的含量与分布　（%）

样品类型	样品名称	元素（或化合物）含量			
		S	$Co/10^{-4}$	$Ni/10^{-4}$	$Cu/10^{-4}$
原矿样	兰山中部ⅤFe_3	0.17	119	43.2	48.9
	兰西ⅧFe_1	0.71	249	173	294
	兰山中部ⅥFe_2	0.51	219	119	165
	朱矿西部ⅧFe_3	0.33	147	55	95.1
	朱矿中部ⅣFe_3	0.42	137	40.9	44.2
	朱矿中部ⅥFe_3	0.47	226	80.3	109
	朱矿中部ⅥFe_2	0.57	234	122	183
	朱矿中部ⅧFe_1	2.04	252	124	331
	朱矿中部ⅧFe_2	2.61	267	151	363
	朱矿西部ⅥmFe	0.47	116	43.7	97.9
岩石样	兰山顶板w_1	0.085	75.4	79.9	48.8
	兰山顶板大理岩	0.165	15.2	24.8	7.11
	兰山采场中粒辉长岩	0.711	56.2	32.5	45.2
	朱矿顶板w	0.16	33.1	24.6	11.9
	朱矿东部底板w	0.076	94.9	740	19.5
生产样	铁精矿	0.76	197	109	151
	钛精矿	0.17	105	39.5	35.6
	硫钴精矿	14.92	1275	550	567
	选钛尾矿	0.41	97	50.1	60.3
	总尾矿	0.58	155	120	343

表4-16　白马矿区钴、镍、铜、硫资源的含量与分布　（%）

样品类型	样品名称	元素（或化合物）含量			
		S	$Co/10^{-4}$	$Ni/10^{-4}$	$Cu/10^{-4}$
原矿样	白马田家村北矿区Fe_2	0.37	173	288	445
	白马田家村北矿区Fe_3	0.64	150	155	150
	白马田家村北矿区Fe_4	0.31	90.2	112	134

续表4-16

样品类型	样品名称	元素（或化合物）含量			
		S	$Co/10^{-4}$	$Ni/10^{-4}$	$Cu/10^{-4}$
原矿样	白马岌岌坪南矿区 Fe_1	0.26	225	492	328
	白马岌岌坪南矿区 Fe_2	0.98	205	384	696
	白马岌岌坪南矿区 Fe_3	0.55	164	285	404
	白马岌岌坪南矿区 Fe_4	0.71	138	162	532
	白马岌岌坪北矿区 Fe_2	0.55	191	206	277
	白马岌岌坪北矿区 Fe_3	0.56	166	189	265
	白马岌岌坪北矿区 Fe_4	0.41	116	124	169
岩石样	白马岌岌坪岩石样	0.69	84	237	1110
生产样	铁精矿	0.32	174	230	302
	总尾矿	0.36	139	185	250

表4-17 太和矿区钴、镍、铜、硫资源的含量与分布 （%）

样品类型	样品名称	元素（或化合物）含量				备注
		S	$Co/10^{-4}$	$Ni/10^{-4}$	$Cu/10^{-4}$	
原矿样	1号样原矿	1.33	220	270	690	
	2号样原矿	0.4	220	370	670	
	3号样原矿	0.6	130	260	600	
	4号样原矿	0.71	88	57	200	
岩石样	5号样围岩	0.24	44	150	330	
	6号样围岩	0.059	15	14	16	
生产样	铁精矿	0.15	83	140	150	
	钛精矿	0.41	120	120	2100	
	硫钴精矿	26.96	7500	9600	8900	比正常样品偏高
	总尾矿	0.42	140	170	320	

表 4-18 红格矿区钴、镍、铜、硫资源的含量与分布 (%)

样品类型	样品名称	元素（或化合物）含量			
		S	$Co/10^{-4}$	$Ni/10^{-4}$	$Cu/10^{-4}$
原矿样	南矿区铜山表内矿	0.093	108	128	116
	南矿区马松林	0.67	226	501	286
	北矿区东矿段 1760 北平段一区	0.6	88.5	28	38.9
	北矿区东矿段 1760 中部	0.56	213	621	433
	北矿区西矿段豪段 1700 中部	0.37	157	717	339
	北矿区西矿段 1750 水平中部	0.49	83.5	27.1	20.2
岩石样	南矿区铜山表外矿	0.045	110	299	108
	南矿区马松林表外矿	0.12	133	493	167
生产样	龙蟒原矿	0.048	134	193	157
	干式预选尾矿	0.071	89.6	33.2	89.6
	铁精矿	0.23	142	174	158
	选钛入料	0.37	136	150	122
	选钛作业强磁尾矿	0.42	174	284	215
	钛精矿	0.46	150	128	113

4.7 钴、镍、铜、硫资源利用现状及潜力分析

硫化物在选矿过程比较分散，不易富集。由于磁黄铁矿、黄铁矿物化性质的差异，在选矿过程中走向不同，进入铁精矿中的硫化物以磁黄铁矿为主，进入选铁尾矿中的硫化物，在选钛过程中进行浮选分离，可以得到少量硫钴精矿。目前，攀钢及太和铁矿正式建成了硫钴精矿生产线，实现了硫钴精矿的回收。钴、镍、铜硫化物在太和、攀钢硫钴精矿中的分布率见表 4-19。

表 4-19 钴、镍、铜硫化物在太和、攀钢硫钴精矿中的分布率 (%)

样品名称	元素（或化合物）含量			
	S	Co	Ni	Cu
太和硫钴精矿	26.96	0.75	0.96	0.89
攀钢硫钴粗精矿	14.92	0.13	0.055	0.056

攀钢硫钴粗精矿经过进一步的富集和分离，Co 含量可以达到 0.4% 以上，甚至更高，攀钢和太和铁矿的硫钴精矿均可达到钴精矿最低工业标准 0.3% 的水平。

4.7.1　硫钴精矿的利用现状

低品位的硫钴精矿长期未找到经济有效的利用途径，直到 2004 年攀钢集团钛业公司选钛厂（现已划归攀钢集团矿业有限公司）正式建成了硫钴精矿生产线，才实现了硫钴精矿的回收。

攀钢钛业公司于 2004 年 12 月组建的攀枝花市德铭有色冶金有限公司，将攀西地区低品位硫钴精矿和拉拉铜矿综合回收的钴精矿进行联合开发，于 2005 年 3 月开工建设，2005 年 10 月竣工后进入试生产，该项目设计年产阴极铜 240 t，氯化钴 280 t。2009 年进行全面技术改造后，已把硫钴精矿的年产能扩大到 2 ~ 3 万吨。目前产品有电积铜、氯化钴、碳酸镍，生产经营状况较好。硫钴精矿焙烧渣综合利用原则流程见图 4-3。

太和矿专门兴建了硫钴精矿综合利用湿法冶金厂，太和铁矿钴硫精矿综合回收原则工艺流程见图 4-4。

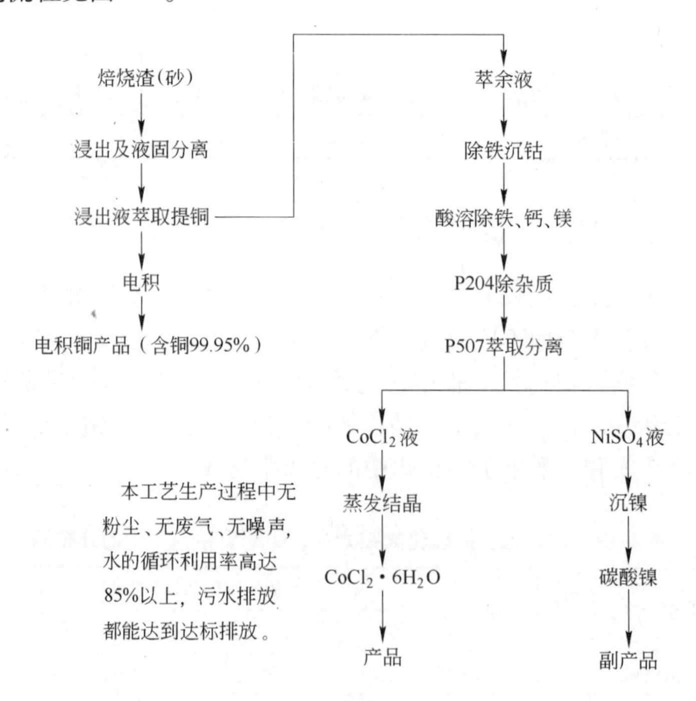

图 4-3　硫钴精矿焙烧渣综合利用原则流程图

目前，太和矿有三座沸腾炉焙烧制酸，烧渣经浸出—除杂—萃取—电积产铜，钴镍经沉淀转化生产氯化钴和碳酸镍。2013 年 10 月试产，设计产能为氯化钴 350t、碳酸镍 100t、阴极铜 200t。

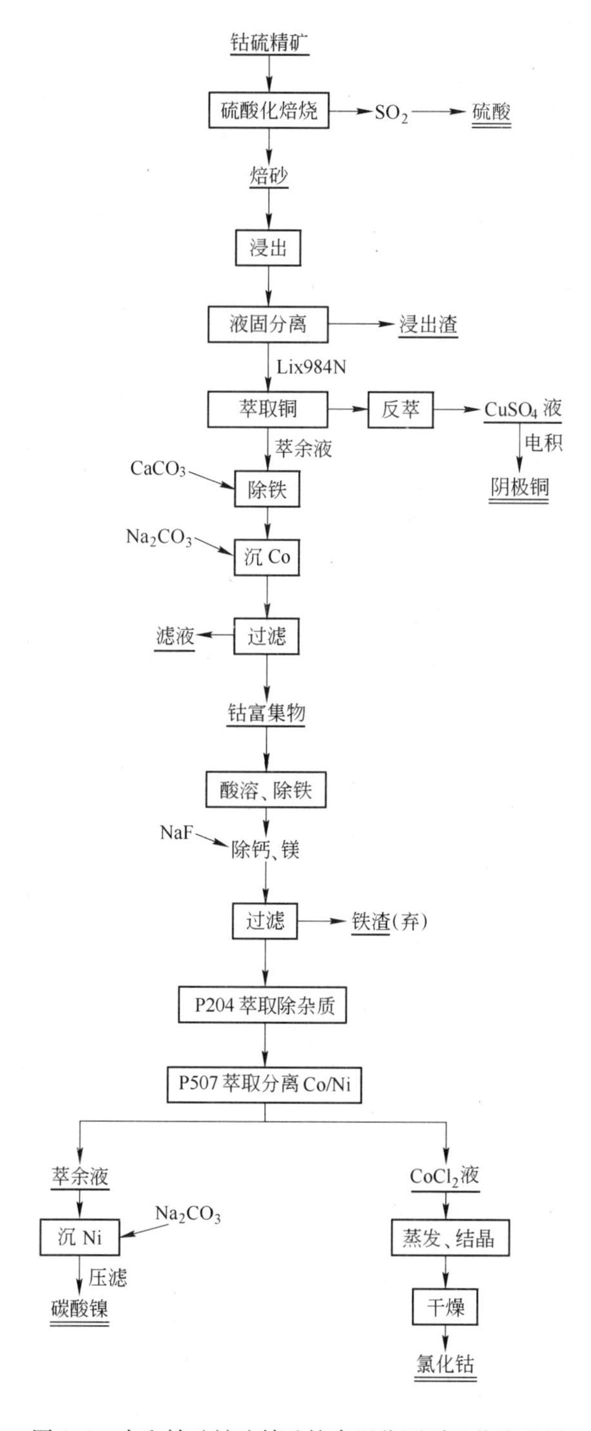

图 4-4　太和铁矿钴硫精矿综合回收原则工艺流程图

4.7.2　钴、镍、铜、硫回收利用潜力分析

钴、镍、铜、硫回收利用潜力分析如下：

（1）“强磁—浮选”选钛工艺的推广有利于提高硫化物资源利用率。目前，各矿区钒钛磁铁矿原矿中，钴、镍、铜的含量很低，在十万分之几至万分之几的范围内，达不到回收利用的工业标准。目前广泛采用的“强磁—浮选”的选钛工艺中，硫和磷是影响钛精矿质量的杂质，必须除去，因此在浮选钛铁矿之前，必须安排优先浮硫的工序。以硫化物存在的钴、镍、铜、硫进入浮硫产物而得到有效的富集。浮硫可达到除杂和综合回收有用元素的双重目的，浮选工艺简单易行，不受规模限制，有条件的可以尝试把得到的粗硫钴精矿进行适当的精选，提高品位，便于进一步分离提取。因此在大力推广“强磁—浮选”的选钛工艺的同时，应大力加强硫化物的回收，使有用资源得到尽可能地利用，目前回收硫化物的水平还不到位，具有较大的潜力。

（2）从尾矿中再选硫化物具有一定的潜力。目前，各矿区矿石中的硫化物分布很分散，有 60.85% ~77.58% 嵌布于脉石中，造成了硫化物回收利用的困难。研究表明某些矿区硫化物结晶粒度较粗，脉石中的硫化物有回收可能，如太和矿区的硫化物以黄铁矿为主，黄铁矿的结晶粒度相对较粗，总尾矿中回收硫化物可取得很好的效果。在硫钴精矿的深加工分离提取技术获得突破，产生价值时，从总尾矿中将赋存在脉石中的硫化物进一步分离提取，是一个可行的途径。

（3）加强硫钴精矿深加工技术研究，促进硫化物资源利用。多年来由于攀西地区硫钴精矿的产量少，品位低，虽回收少量硫钴精矿，但硫钴精矿没有真正意义上的利用起来。硫钴精矿的产量逐步增加，其分离提取利用问题日益受到重视，因为从钒钛磁铁矿中回收利用的硫化物的有用组分的含量低，但种类多，必须综合利用，才能体现其利用价值。所以加强综合回收技术的研发，提高利用技术水平，降低生产成本，使其中的钴、镍、铜、硫都得到有效利用，提高资源利用价值，是当务之急。2012 年，太和铁矿已率先建立了硫钴精矿的生产厂，现在仍处于试生产的准备中，建议有关方面给予支持，尽快投入试产，取得经验以推广。同时建议，根据各厂矿生产的硫钴精矿数量有限、产量分散的特点，鼓励联合开发、集中开发。按市场规律集中开发，有利于技术进步，降低成本，达到充分挖掘硫化物资源利用潜力的目的。

第5章 钪、镓、锗、砷、镉资源特点及利用潜力

5.1 钪、镓、锗、砷、镉的性质

钪（Sc）的性质与稀土相似，其化学性质活泼，能与多种元素化合，在空气中容易被氧化而变色。钪具有密度小（2.99g/cm^3，几乎和铝相等）、熔点较高（1530℃）的性质。氧化钪（ScN）的熔点为2900℃，并且电导率很高。

镓（Ga）是一种稀散元素，为银白色的软金属，是在人体温度下（37℃）能熔化成液体的金属之一。镓在常温空气中稳定，因为表面覆有一层薄的氧化膜，即使在烧红加热时也不再被空气所氧化。镓的熔点低，沸点高，是液态范围最大的金属，熔点为29.78℃，沸点为2403℃，密度（296℃时）为5.904g/cm^3。

锗（Ge）是一种稀散元素，为银灰色、性脆的金属，熔点为937.4℃，沸点为2530℃，密度为5.323g/cm^3。

砷属于半金属元素，有灰色、黄色、黑色三种同质多象变体，在室温下最稳定的为灰色晶体，光亮似银，具金属性，硬而脆，密度为5.73g/cm^3，熔点为817℃，一般无毒，但经氧化后为剧毒物，灼烧时呈蓝色火焰，有蒜臭。金属砷不溶于水，但溶于硝酸和热硫酸。砷为化学性质较活泼的多价元素，主要呈负三价、负二价，一般与金属阳离子和硫构成硫化物形式存在。自然界中砷以硫砷化合物矿物雄黄、雌黄和毒砂的形式出现并构成矿床。

镉（Cd）属稀散元素，为银白色带蓝色光泽的金属。镉的熔点为320.9℃，沸点为765℃，密度（20℃时）为8.65g/cm^3。是显著的亲硫元素。镉在湿空气中缓慢氧化并失去光泽，加热时生成棕色的氧化层。镉蒸气燃烧产生棕色的镉烟雾。镉不溶于碱液，与硫酸、盐酸和硝酸作用生成相应的镉盐。

5.2 钪、镓、锗、砷、镉的用途

钪在电子工业中有广泛的应用。钪是热核反应堆的材料之一。钪钠灯与高压汞灯相比，具有光效高、光色正等优点，适用于拍摄电影和广场照明。在冶金工业中，钪可做镍铬合金的附加剂，用于生产抗高温耐热合金。钪是潜水艇探测板的重要原料。钪的燃烧温度高达5000℃，这一特性可用于航天技术。钪的同位素^{46}Sc是用于各种目的的放射性示踪剂。医学上有时也用钪对恶性肿瘤进行放射治疗。

镓是制备新型半导体的材料（占99%）。在微波器件领域内，砷化镓是最有希望的半导体材料，用它可制造光电器件。镓砷磷、镓铝砷可作固体激光器材料，广泛用于光导纤维通讯系统，还有可能用作太阳能电池的材料以及制作大规模高速集成电路。钇镓石榴子石可用作磁泡存储器。钒镓化合物可用作超导材料。

镓具有很高的光反射能力，可把它挤压在两块加热的玻璃板之间制成镜子。镓制造的低熔点合金可用作防火信号和熔断器。镓能提高某些合金的硬度、强度，并能提高镁合金的耐腐蚀能力。镓化合物还可用于分析化学、医药和有机合成中的催化剂。镓在荧光材料、核反应堆的热交换介质、特殊应变计、催化剂、焊料、镶牙、补牙方面也有广泛用途。用氮化镓（GaN）制成的发光二极管能把给它的全部能量转换成光。氮化镓灯泡比传统灯泡的寿命至少多100倍，能耗仅为传统灯泡的1%。

锗主要用在电子工业中，用来生产低功率半导体二极管、三极管。锗在红外器件、γ辐射探测器方面有着新的用途，金属锗能让2～15μm的红外线通过，又和玻璃一样易被抛光，能有效地抵制大气的腐蚀，可用以制造红外窗口、棱镜片和红外光学透镜材料。锗还与铌形成化合物，用作超导材料。二氧化锗（GeO_2）是聚合反应的催化剂。用二氧化锗制造的玻璃有较高的折射率和色散性能，可用于广角照相镜头和显微镜。锗在空间技术上可用于保护超灵敏的红外探测器。锗还可用来制造药品。

锗的消费领域包括红外光学设备占总消费量的65%，光导纤维占15%，宇宙空间探测器占5%，半导体占5%，其他（催化剂、磷光剂、冶金、化工等）占10%。20世纪80年代，美国宣布把锗列为战略储备矿产资源（战备目标为30t）。由于新用途的开辟，世界上锗已出现供不应求的局面。

砷矿主要用于提取砷、制取砷酸和砷的化合物。砷在冶金工业中可作为冶炼砷铅合金和砷铜合金的原料，砷铅合金和砷铜合金可用于制造弹头、汽车、雷达零件等。在轻工和建材工业中，砷用以制亚砷酸钠，可作为皮革保藏剂，砷可作玻璃的澄清剂、脱色剂，并可制造乳白玻璃，还可用于制取含砷的化学试剂、选矿药剂，用于半导体气体脱硫、木材防腐、锅炉防垢等。农业上砷可用于制作杀虫剂、除芳剂和含砷的农药。适量砷可促进豌豆、萝卜等植物和猪、禽类等动物健康生长，砷也是人类保健必需的微量元素。此外，雄黄、雌黄可直接用作中药；砷因性质稳定，分散性好，还可用于制作彩色颜料。

镉主要用于生产镍-镉电池，其次用于电镀和生产耐磨合金、低熔点合金、颜料和化学稳定剂等。镉合金在国防工业中有重要的用途，美国将镉列为战略储备物资。镉可以制造轴承合金、特殊易熔合金、焊锡。镉对盐水和碱液有良好的抗腐蚀性能，可以用作钢构件的电镀防腐层，但近年来因镉的毒性，此项用途有减缩的趋势。

镍-镉电池和银-镉电池具有体积小、容量大的优点，因而镉在电池制造中用量日增。镉是制造钎焊合金和低熔点合金的主要成分之一。镉具有较大的热中子俘获截面，因此，含银 80%、铟 15% 和镉 5% 的合金可用作原子反应堆的控制棒。在铜中加入 0.05% ~1.3% 的镉可改进机械性能，尤其是冷加工性能，而电导率则下降很少。此外，镉的化合物曾经广泛用于制造颜料、塑料稳定剂、荧光粉。硫化镉（CdS）、硒化镉（CdSe）、碲化镉（CdTe）具有较强的光电效应，用于制造光电池。

5.3 钪、镓、锗、砷、镉资源状况

钪常作为黑钨矿、锡石、铌钇矿、铌钽铁矿的附属成分被综合利用。据美国矿业局资料，世界铀矿床中，含可回收的钪资源约 1387t；世界钨矿石中，钪资源量超过 1000t；磷块岩、铝土矿、钛铁矿中，钪资源量也很大（65% 可以回收）。

我国 2010 年钪查明资源储量 173777kg，主要分布在广西（占储量的 90% 以上）、浙江、江西。未计入储量的钪资源量有数十万吨，主要集中在四川攀枝花钒钛磁铁矿和内蒙古白云鄂博铌稀土铁矿中。另外，福建将乐新路口、江西大余盘古山、广东连平、云南腾冲等地的钨锡矿中，广西藤县、合浦的钛铁矿及平果的铝土矿中也含有钪。

据美国报道，世界铝土矿储量中伴生镓储量 10 万吨，闪锌矿中伴生镓储量 6500t，合计镓储量 10.65 万吨。据估计，世界铝土矿中的镓资源量超过 100 万吨。

我国有丰富的镓资源。2010 年镓的基础储量 7175.5t，已查明的镓有资源储量 190734.2t，它们中产于铝土矿的伴生镓占 50% 以上；其次，为铝、煤、铜、铅锌和铁矿中的伴生矿产。镓资源储量主要集中在广西、河南、山西、贵州、云南等省（区）。沉积型铝土矿是我国伴生镓的主要资源类型，代表性的矿床有广西的平果铝土矿，山西的阳泉铝土矿、孝义铝土矿等。镓还可以在生产氧化铝的过程中回收。

锗是一种典型稀散元素，作为资源一般主要赋存于其他矿床中（煤矿含锗丰富），个别的可成为独立的锗矿床。世界锗资源比较缺乏。据英国统计，北美洲、欧洲、非洲三大地区共有锗储量 2150t，哈萨克斯坦阿塔苏河铁矿石中伴生锗储量 1500t。锗主要赋存在煤矿床和铅金属矿床中：世界煤中所含锗资源量估计有 4500t；在含锗的铅多金属矿床中，仅刚果（金）的基普希和纳米比亚的楚梅市矿床中的锗储量就达 4500t。

我国锗矿资源比较丰富，至 2010 年底，锗的基础储量为 1573.5t，查明锗资

源储量6212.2t，主要分布在内蒙古、广东、云南、甘肃、四川、山西、吉林、贵州等省（区），以上八省（区）资源储量合计占全国总量的96%。我国铅锌矿伴生的锗约占总储量的70%，主要来自热液交代型铅锌矿床（湖南水口山）、沉积改造型铅锌矿床（广东凡口）、砂铅矿床（云南会泽、贵州赫章）。此外，我国云南临沧地区古近-新近纪褐煤中伴生有丰富的锗资源，品位高达0.01%～0.09%，已成为重要锗资源基地之一。

至2010年底，我国砷（雌黄、雄黄矿物按65%折算）查明基础储量60.0万吨。砷矿资源大部分与钨、锡、铜、铅、锌、锑、汞、金等有色金属共、伴生，与有色金属共、伴生的砷矿床占80%，独立的雄黄、雌黄矿床仅占18.5%。以与其他金属共、伴生形成产出的砷资源主要分布在广西、内蒙古、云南、安徽、江西、湖南、广东、西藏、甘肃。雄黄、雌黄矿床主要分布在湖南、四川、贵州、云南和西藏。主要的独立砷矿床有湖南石门、云南南华龙潭、西藏昌都俄洛桥雄黄雌黄矿床。主要的共、伴生砷矿床有安徽铜陵天鹅抱蛋硫铁矿砷矿床、湖南瑶岗仙钨砷矿床、广西大厂铜坑锡铅锌砷矿床、广西南丹拉么铅铜砷矿床、贵阳大顺窿铜多金属砷矿床和云南个旧老厂锡砷矿床。

镉主要伴生在锌矿中，据美国矿业局估计，世界锌储量中伴生镉约53.5万吨，储量基础97万吨。美国、澳大利亚、加拿大、日本、墨西哥等国是镉的主要资源国。世界锌资源中伴生的镉资源量总计600万吨。

我国的镉资源丰富。2010年镉的基础储量37503.3万吨，主要集中在云南、四川、广东、广西、湖南、甘肃、内蒙古、青海、江西等省（区）。在已探明的伴生镉矿山中，大中型矿床占60%，所占资源储量为总储量的98%。代表性的矿山有广西南丹大厂、河池，江西大余漂塘。云南兰坪金顶铅锌矿是我国特大型的伴生镉矿床。

5.4 钪、镓、锗、砷、镉资源赋存状态及矿物特性

钪、镓、锗、砷、镉元素在钒钛磁铁矿中还未发现有独立的矿物，不同程度以类质同象的形式赋存于钛磁铁矿、钛铁矿和脉石矿物中。因它们含量很低，而且赋存分散，对它们在单矿物中的含量和分布的研究比较困难和复杂，对其进行工业应用又没有多少价值，因此直到目前，相关的研究不多。

对于钪，曾经有一段时间世界市场钪价格狂涨，国内掀起了分离钪的研究热潮，因此对钪研究工作也稍多些。吴本羡等和攀西地质大队对攀枝花矿区、白马矿区、红格矿区、中干沟矿区各类矿石中Sc_2O_3的含量的研究数据见表5-1。

表5-1数据表明，各矿区矿石中的钪75%～80%赋存于脉石中，采、选过程中大量进入尾矿，回收利用具有很大的困难。

表 5-1 各矿区各类矿石中 Sc_2O_3 在主要矿物中的赋存含量 （%）

矿区		钛磁铁矿	钛铁矿	脉石（钛辉石）	备注
攀枝花矿区	朱矿富矿	0.0020	0.0063	0.0091	生产中60%以上进入总尾矿
	朱矿贫矿	0.0023	0.0067	0.0106	
	兰尖富矿	0.0021	0.0071	0.0099	
	兰尖贫矿	0.0072	0.0072	0.0058	
白马矿区	及及坪	0.024	0.0073（钛精矿）（7.12%）	0.016（55%）	75%以上分布在脉石中
	田家村	0.002	0.0086（钛精矿）（6.18%）	0.013（60%）	
	全矿区	0.0019	0.0078（5.81%）	0.016	
红格矿区		0.0008	0.0038	0.0059（84%）	80%分布在脉石中
中干沟矿区		0.0004~0.0015	0.0013~0.0037	0.005~0.0089	

注：各栏中括号内的数字为 Sc_2O_3 在相应物料中的分布率。

对于镓，吴本羡等也作了一些研究，在攀枝花矿区矿石中70%的Ga赋存在钛磁铁矿中。白马矿区矿石中钛磁铁矿含Ga 0.004%；钛铁矿中含Ga小于0.001%；脉石中含Ga 0.0016%~0.0018%。攀西地质大队对中干沟矿区矿石中的Ga在不同品级矿石中的分配率的研究结果说明，Ga主要富集在钛磁铁矿中，矿石品级越高，Ga在钛磁铁矿中的分配率越高；矿石品级越差，则Ga在钛磁铁矿中的分配率越低，各品级矿石脉石中的Ga含量则相反。中干沟矿区不同品级矿石中Ga在主要矿物中的分配率见表5-2。

表 5-2 中干沟矿区不同品级矿石中 Ga 在主要矿物中的分配率 （%）

矿石品级 \ 主要矿物	钛磁铁矿	脉石（普通辉石、斜长石）
Fe_1	90.63	9.38
Fe_2	36.59~66.13	33.87~72.73
Fe_3	9.05~52.61	47.39~80.95
Fe_4	7.06~23.44	84.28~92.94

锗和镉在钒钛磁铁矿中都未发现有单矿物，它们主要分别赋存于钛磁铁矿、钛铁矿和硫化矿物之中，品位较低，很难开发利用。

对于砷，在钒钛磁铁矿中应当有砷矿物存在，但分析测试数据表明其含量太低，攀枝花矿区、白马矿区各种原矿样品中As的含量都在0.0001%以下，不具备研究价值。

5.5 钒钛磁铁矿中钪、镓、锗、砷、镉的含量与分布

攀西钒钛磁铁矿各主要矿区矿石及采、选产品中Sc、Ga、Ge、Cd、As的含量与分布见表5-3~表5-6。其中表5-4和表5-5列出了砷的分析结果，表5-3和表5-6中列出了镉的分析结果。

表5-3 太和矿区钪、镓、锗、镉资源的含量与分布

样品类型	样品名称	元素（或化合物）含量/10^{-4}%			
		Sc	Ga	Ge	Cd
原矿样	1号样原矿	12.9	33.4	6	9.33
	2号样原矿	11.9	37.6	5.98	4.18
	3号样原矿	19.2	23.4	4.59	3.44
	4号样原矿	29.5	17.1	3.73	6.04
岩石样	5号样围岩	5.9	21.9	2.21	1.28
	6号样围岩	8.95	19.2	2.04	7.1
生产样	铁精矿	7.24	38	8.22	1.58
	钛精矿	19.3	6.1	5.19	6.59
	硫钴精矿	7.17	11	4.83	<25
	总尾矿	15.3	25.6	2.62	5.28

表5-4 攀枝花矿区钪、镓、锗、砷资源的含量与分布

样品类型	样品名称	元素（或化合物）含量/10^{-4}%			
		As	Sc	Ga	Ge
原矿样	兰山中部ⅤFe_3	<1	31.9	23.8	2.22
	兰西ⅧFe_1	<1	15.1	40.9	2.31
	兰山中部ⅥFe_2	<1	17.3	37.9	2.25
	朱矿西部ⅧFe_3	<1	28.9	28.3	2.53
	朱矿中部ⅣFe_3	<1	31.7	23.2	2.63
	朱矿中部ⅥFe_3	<1	13.3	37.4	2.78
	朱矿中部ⅥFe_2	<1	16.1	39	3.49
	朱矿中部ⅧFe_1	<1	13.8	36.3	2.92
	朱矿中部ⅧFe_2	<1	16.2	33.2	3.1
	朱矿西部ⅥmFe	<1	26.3	24.3	2.64
	尖山 Fe_1	<1	29.1	47.2	27.8
	尖山 Fe_2	<1	12	42.6	25.8
	尖山 Fe_3	<1	17.4	25.2	13.3
	尖山 mFe	1.23	23.3	22.6	10.1

续表 5-4

样品类型	样品名称	元素（或化合物）含量/10^{-4}%			
		As	Sc	Ga	Ge
岩石样	兰山顶板 w_1	<1	31.3	27.2	2.63
	兰山顶板大理岩	<1	0.79	<1	0.34
	兰山采场中粒辉长岩	<1	12.6	22.7	1.57
	朱矿顶板 w	<1	8.76	21.6	1.43
	朱矿东部底板 w	<1	26.4	15.3	2.43
	尖山辉长岩	1.35	32.7	19.4	6.84
	尖山角闪片麻岩	4.64	28.1	16.7	8.33
	尖山大理岩	1.35	<1	<1	0.11
生产样	铁精矿	<1	5.23	41.9	3.87
	钛精矿	17.1	31.9	4.53	2.34
	硫钴精矿	5.68	18.6	11.30	5.47
	选钛尾矿	3.21	35.4	17	2.71
	选铁尾矿	9.55	29.3	21	2.45

表 5-5 白马矿区钪、镓、锗、砷资源的含量与分布

样品类型	样品名称	元素（或化合物）含量/10^{-4}%			
		As	Sc	Ga	Ge
原矿样	白马田家村北矿区 Fe_2	2.93	24.8	24.1	15.3
	白马田家村北矿区 Fe_3	<1	36.1	22	14.1
	白马田家村北矿区 Fe_4	<1	10.7	21.3	7.2
	白马岌岌坪南矿区 Fe_1	<1	0.2	42.9	27.8
	白马岌岌坪南矿区 Fe_2	<1	8.92	22.1	15.9
	白马岌岌坪南矿区 Fe_3	<1	16.7	25.4	16.2
	白马岌岌坪南矿区 Fe_4	<1	24.5	22.2	12.5
	白马岌岌坪北矿区 Fe_2	<1	14.9	24.7	22
	白马岌岌坪北矿区 Fe_3	6.93	8.99	24.5	18.3
	白马岌岌坪北矿区 Fe_4	6.38	13.9	23.1	12.7
岩石样	白马岌岌坪岩石样	<1	16.5	20.2	5.55
生产样	铁精矿	<1	6.87	44.4	3.66
	总尾矿	<1	19.4	15.8	2.29

表 5-6 红格矿区钪、镓、锗、镉资源的含量与分布

样品类型	样品名称	元素（或化合物）含量/10^{-4}%			
		Sc	Ga	Ge	Cd
原矿样	南矿区铜山表内矿	27.3	64.4	32.2	<25
	南矿区马松林	5.65	76.2	86.6	<25
	北矿区东矿段1760北平段一区	14.4	45.9	33.8	<25
	北矿区东矿段1760中部	7.54	75.9	82.6	<25
	北矿区西矿段豪段1700中部	13.1	34.3	39.5	<25
	北矿区西矿段1750水平中部	12.1	47.8	16.2	<25
岩石样	南矿区铜山表外矿	34	33.8	17.6	<25
	南矿区马松林表外矿	25	31.4	25.1	<25
生产样	龙蟒原矿	13.8	54.4	6.9	16.8
	干式预选尾矿	20.1	32.7	<0.01	12.7
	铁精矿	2.4	99.3	<0.01	21.3
	选钛入料	21.5	44.2	2.67	12.5
	选钛作业强磁尾矿	23	43.6	5.54	8.67
	钛精矿	14	45.6	8.23	14.2

5.6 钪、镓、锗、砷、镉的一般工业指标

钪无独立矿床，相关矿床中含钪工业指标见表5-7。

表 5-7 相关矿床伴生钪的一般工业指标

矿床名称	矿石品位 Sc/%	备注
黑钨矿石英脉及白云母云英岩矿床	黑钨矿 0.02~0.09	钪主要在精矿中提取，因而对矿石中含量有多少计算多少
含锡石硫化物矿床	锡石 0.02~0.04	
角闪石磁铁矿-萤石型矿床	铁锂云母 0.05~0.1	

镓无独立矿床，伴生矿的工业指标见表5-8。

表 5-8 相关矿床伴生镓的一般工业指标

项　　目	矿石品位 Ga/%	备　　注
铝土矿矿石	0.01～0.02	煤中灰分中常含有0.01%～0.1%的镓，在煤气厂灰尘中，镓的含量达0.3%～0.5%
黄铁矿矿石	0.02～0.03	
闪锌矿矿石	0.01～0.02	
锗石	0.1～0.8	
煤矿	0.003～0.005	
明矾石	0.0022～0.0044	
磷灰石-霞石矿石精矿	0.01～0.04	

锗无独立矿床，相关矿床中含锗工业指标见表 5-9。

表 5-9 相关矿床伴生锗的一般工业指标

项　　目	矿石品位 Ge/%	备　　注
铅锌矿床	0.001	
锌精矿	0.01	
氧化铅锌矿	0.004～0.005	矿石含 Ge0.002%，可回收
低灰分煤（亮煤）	0.001～0.1	含 Ge 较多
褐煤	587～1800g/t	
炭质泥岩	583～984g/t	
赤铁矿石	0.008	锗可单独开采
铜和富银矿石	0.002	
铁镁矿石	0.001～0.01	
温泉水	0.0005	

砷矿床地质勘查一般工业指标见表 5-10。

表 5-10 砷矿床地质勘查一般工业指标

矿　种	雄黄、雌黄矿床		毒砂矿床	
边界品位/%	As 5	AsS 7	As 3～5	AsS 4～7
最低工业品位/%	As 10	AsS 14	As 5～6	AsS 7～9
开采厚度/m	0.5～1.0		0.5～1.0	
夹石剔除厚度/m	1		1	

镉也无工业价值的独立矿床，相关矿床中含镉工业指标见表 5-11。

表5-11 镉一般工业指标

项　　目	Cd矿石品位/%
锌矿和铅锌矿石	0.01～0.09
铅精矿和锌精矿	0.03～0.2

5.7 钪、镓、锗、砷、镉资源利用现状及潜力分析

钪、镓、锗、砷、镉元素在各矿区的各类型原矿中含量很低，并且在生产过程中也未能达到明显的富集，达不到经济的回收利用的工业要求标准，因此至今在各生产矿山企业中还没有工业回收利用的实例。

5.7.1 钪资源利用现状及潜力分析

5.7.1.1 钪资源研究现状

对于钪，针对钒钛磁铁矿可以从生产钛白粉的水解母液、钛生产过程中的氯化烟尘以及选钛尾矿中提取钪。

中南大学（原中南工业大学）和攀钢集团研究院有限公司（原冶金工业部攀枝花钢铁研究院）都对硫酸法提取 TiO_2 和 Sc_2O_3 进行过研究。攀钢集团研究院有限公司采用硫酸法，获得品位为99.2%的钛黄粉，TiO_2的回收率为68.85%，TiO_2的酸解率不小于80%，钪酸解率不小于90%，产出的 Sc_2O_3品位为98.5%，可作为生产高纯氧化钪的原料。硫酸法处理攀钢高炉渣原则流程见图5-1。

国内不少研究院所采用各地钛白粉生产厂的水解母液进行回收钪的研究和实践，大都采用将含钪的提钛废液进行除杂净化后，进行有机溶剂萃取—反萃，再从反萃液沉淀，灼烧得到粗 Sc_2O_3，并按需要进一步进行提纯，制取高纯氧化钪产品。

钒钛磁铁矿中钪含量很低，从钒钛磁铁矿中提钪，溶液含钪浓度低，造成回收工艺复杂，在经济上和其他提钪途径相比，生产成本高。提钪工作尚停留在技术探索上，未能实现产业化。

5.7.1.2 钪资源开发利用潜力分析

钪资源开发利用潜力分析如下：

(1) 我国钪资源分布广泛，钒钛磁铁矿中的钪与其他含钪原料相比不具优势，面临挑战。

钪元素分布广泛，是典型的分散亲石元素，地壳中的克拉克值约为 $(22\sim33)\times10^{-6}$，世界钪资源储量约200万吨（美国地质调查局数据）。主要的钪资源

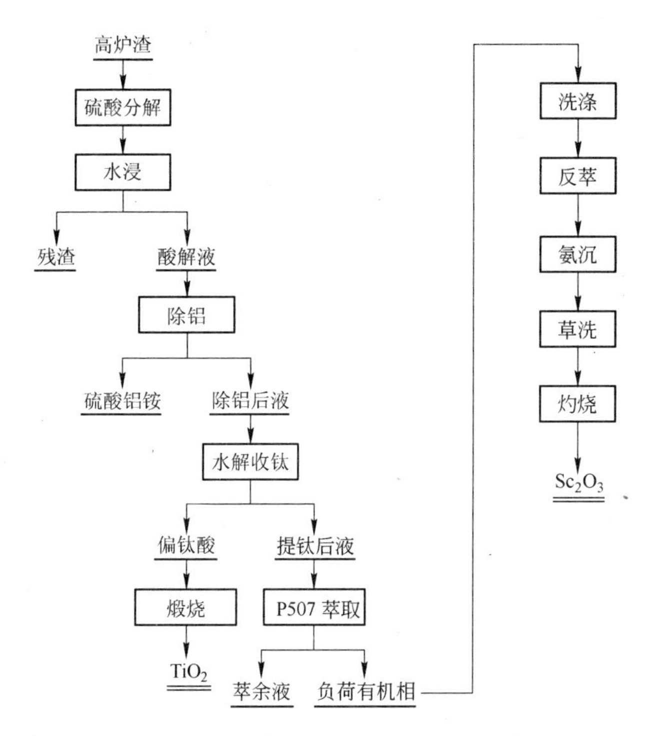

图 5-1 硫酸法处理攀钢钛渣回收 Sc_2O_3 原则流程图

国家有俄罗斯、美国、澳大利亚、中国、哈萨克斯坦、乌克兰、马达加斯加、挪威等。我国铝土矿、稀土矿、钛铁砂矿、钒钛磁铁矿、黑钨矿、铁铌稀土矿中都含有钪，目前以铝土矿中的钪储量和提取最具优势。

钒钛磁铁矿中的钪总量大，但其赋存分散。研究表明，各矿区矿石中的钪75% ~80%赋存于脉石中，采、选过程中大量进入尾矿，各矿山企业总尾矿含Sc0.0019% ~0.0026%，将其作为提钪原料，目前显然不经济。只有7%左右的Sc分布于钛铁矿，选矿时进入钛精矿，进而在钛白粉生产废液富集，但含Sc溶液的浓度较低。

目前国内钪的产能比较分散，分别来自氧化铝厂、钛铁砂矿钛白粉厂和钨矿生产厂。从赤泥中提取钪并进而生产钪铝合金方面，朱昌洛等进行了从赤泥中提钪并制取铝钪中间合金的技术研究，成功制备出了99.9%的无水 $ScCl_3$ 产品；制备了1kg以上铝镁钪中间合金符合《铝中间合金锭》（YS/T282—2000）的样品，取得了钪回收率90%的优良指标。国内从黑钨矿渣中回收Sc的研究相对较多，生产实践也很成功，是目前Sc的主要供应渠道之一，如图5-2所示。我国白云鄂博铁铌稀土矿中含钪量也较高，总储量可观，目前有关方面已开展了回收利用研究，取得了一定进展。

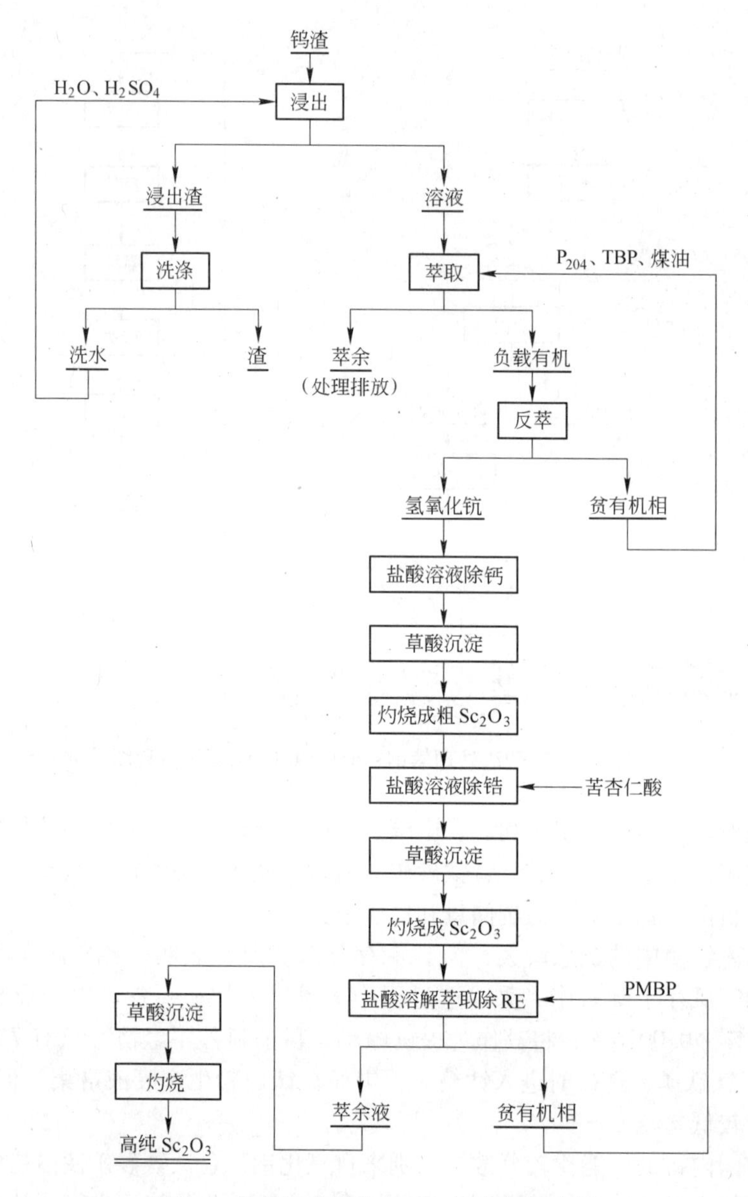

图5-2 从钨渣中提取Sc的工艺原则流程图

可见，钒钛磁铁矿中钪的商业开发，面临挑战。有关企业必须通览全局，提高工艺技术水平，充分挖掘潜力，为其早日开发利用创造条件。

（2）努力拓宽市场，鼓励扶持钒钛磁铁矿中钪的试生产。目前全球氧化钪产能10t左右，国内产能2t左右，国内实际消费量1t左右，与10年前相比，已有很大的提高。目前钪在新型光源材料、激光材料、合金添加剂、金属改性剂等领域的应用研究很活跃，进展很快，预计今后会有较快的发展。攀西地区作为国家战略资源创新开发基地，应对攀西地区的钪这个巨大的资源，努力开拓市场，鼓励、扶持对钪的提取利用及试生产，实现目前攀西钪产品零的突破，使其在全国钪的生产中占有一席之地。为钒钛磁铁矿中钪的进一步的开发利用奠定基础。

（3）立足资源，鼓励创新，不断加强技术开拓，钒钛磁铁矿的钪将显现潜力。

攀西钒钛磁铁矿中钪的资源特点是储量大而含量低，分布不集中。在现有钢铁生产和钒钛生产过程中钪的富集渠道少。原矿中的钪，大部分流失于总尾矿中。唯一可富集钪的是提钛母液，但其中钪浓度很低，一般每升只有几毫克，生产成本高。针对这些资源特点，应不断开拓创新，拓宽思路，从多方面挖掘资源潜力，研发对提钛母液进行预处理，提高溶液钪浓度的技术，是必须而可行的努力方向，目前这方面的研究已获得可喜的进展，朱昌洛等对某地花岗伟晶岩和风化壳中钪进行选冶实验研究，能从含量为 $10\times10^{-4}\%$ 的原矿中成功回收 Sc_2O_3。攀西地区钒钛磁铁矿选矿总尾矿中的 Sc_2O_3 含量大部分为 $(20\sim30)\times10^{-4}\%$，可以尝试进行从尾矿中提取钪的研究。坚持探索，不断进步，攀西的钪资源也会有利用潜力。

5.7.2 镓、锗、镉资源利用现状及潜力分析

5.7.2.1 镓、锗、镉资源利用现状

镓的回收利用目前处于试验研究阶段。镓主要赋存于钛磁铁矿中，选矿时主要进入铁精矿，在高炉冶炼过程中部分进入铁水，大部分进入高炉渣，在铁水氧化提钒环节中部分富集于钒渣中，有提取的可能，高炉渣中含镓很低，回收更困难。

攀钢集团研究院有限公司（原冶金工业部攀枝花钢铁研究院）早在 1977 年就开始了从提钒渣中回收镓的试验研究。1980 年，峨眉铁合金厂用攀枝花钒渣生产五氧化二钒的浸钒弃渣为原料，进行了一次实验室扩大试验。全流程镓的总回收率为 64.15%。采用该流程提镓，生产 1kg 镓，要同时产出 21.4t $FeCl_3$ 和 0.358t 人造金红石，需要 10.86t 水浸渣和 25.9t 盐酸。1991 年，攀钢集团研究院有限公司（原冶金工业部攀枝花钢铁研究院）进行了提钒弃渣提取金属镓的新工艺试验研究。该流程的特点是先分离铁再富集镓，酸耗低，但电耗大。经实验室扩大试验证明，全流程镓的总回收率为 64.9%，由于攀枝花矿中 Ga 含量低，生产过程富集趋势不集中，难以与 Al_2O_3 生产母液和赤泥中提 Ga 相比，经济上难过关，因此，至今未实现回收利用。

钒钛磁铁矿中砷、锗、镉含量都很低，各矿区原矿中 As 含量小于 $1\times10^{-4}\%$，没有回收价值，作为杂质也不会影响产品质量。Ge、Cd 的含量只在红

格矿区的矿石中略高，在钒钛磁铁矿的生产加工过程中没有富集渠道，因此，至今没有回收利用。此次调查结果也未搜集到有关实验研究的资料。

5.7.2.2 镓、锗、镉利用潜力分析

镓、锗、镉利用潜力分析如下：

（1）镓的回收利用主要寄托于高炉渣利用技术的创新与突破。

攀西钒钛磁铁矿中的镓在各矿区原矿中的含量大都在 $20\times10^{-4}\%$ 以上，红格矿区有的矿段达到 $70\times10^{-4}\%$ 以上。比我国铝土矿中含镓 $(10\sim100)\times10^{-4}\%$ 略低，应当有一定的利用可能。

但在钒钛磁铁矿的选冶或钒钛的提取加工中，镓90%进入铁精矿，进入高炉，再部分进入生铁，大部分进入高炉渣。只有进入生铁的镓在氧化提钒工艺中部分进入钒渣，因此有人曾在提钒母液中进行过提镓的试验，取得了一定成果，但成本很高。进入高炉渣中的镓很难富集提取，因此钒钛磁铁矿中的镓基本没有利用价值。

（2）查明锗、镉在冶炼工艺中的走向，探求少量利用可能。

攀西各矿区钒钛磁铁矿原矿中的锗、镉含量都在 $(2\sim25)\times10^{-4}\%$ 之间，比我国锗和镉的主要来源有色金属铅锌矿的含量略低，如我国著名的锗资源基地会泽铅锌矿中含锗为 $(3.6\sim40)\times10^{-4}\%$，但铅锌矿火法冶炼加工过程中锗和镉都在不同环节中得到不同程度的富集。铅锌矿的冶炼过程中，锗一般富集于冶炼炉渣的进一步烟化烟尘中及硬锌真空处理得到的锗渣中。在湿法冶炼中，锗主要从低酸浸出的铁矾渣中提取，镉在铅锌冶炼中有60%~70%进入冶炼烟尘和烧结烟尘中。在粗锌精炼时，进入锌镉合金，便于提取。

从现有资料数据分析，我们初步认为，锗和镉在铁精矿和钛精矿中都没有明显的富集趋势。钒钛磁铁矿中的锗和镉基本没有可利用的潜力。

建议查明锗、镉在冶炼工艺中的走向，寻找是否有少量富集利用的可能。

第6章 铂族、稀土、硒、碲、铋、铟等资源特点及利用潜力

6.1 铂族、稀土、硒、碲、铋、铟的性质

铂（Pt）、钯（Pd）、铑（Rh）、铱（Ir）、钌（Ru）、锇（Os）这六种金属，根据密度差异，钌、铑、钯为轻铂元素，密度为12g/cm^{3}左右；锇、铱、铂为重铂元素，密度为22g/cm^{3}左右。它们不论在地球化学性质还是在物理化学性质上，都有很多相似之处，在自然界常常赋存在一起，故统称为铂族金属。它们的特点是，除锇为蓝灰色金属外，其他均为银白色金属，熔点高，耐腐蚀，热电性稳定，抗电火花的蚀耗性好，具优良的高温抗氧化性能和良好的催化作用。

稀土金属（REE）指的是包括镧（La）、铈（Ce）、镨（Pr）、钕（Nd）、钷（Pm）、钐（Sm）、铕（Eu）、钆（Gd）、铽（Tb）、镝（Dy）、钬（Ho）、铒（Er）、铥（Tm）、镱（Yb）、镥（Lu）及钇（Y）等在内的金属元素，通常可分为两组，即铈组稀土元素（或轻稀土元素，包括镧、铈、镨、钕、钷、钐、铕）与钇组稀土元素（或重稀土元素，包括钆、铽、镝、钬、铒、铥、镱、镥及钇）。它们的氧化物分别表示为 $[Ce]_2O_3$和 $[Y]_2O_3$。在自然界中，由于稀土元素性质相近，铈组元素矿物常含有钇组元素，钇组元素矿物中也常赋存铈组元素。钪（Sc）与其他稀土元素性质相似，因此划入稀土类，但钪（Sc）不与其他稀土元素共生，故将钪（Sc）另节叙述。

稀土元素在自然界的含量超过铜、铅、锌、锡、银、汞等常见金属，但它们相当分散，形成的独立矿床少。稀土元素（REE）在各类岩石中的分布为：碱性岩 0.021%、花岗岩 0.025%、中性岩 0.013%、基性岩 0.0085%、超基性岩 0.00045%。

硒（Se）属稀散元素，是半金属，性质与硫相似，但金属性比硫强。硒最显著的特性是在光照下的导电性比在黑暗中成千倍地增加。硒的密度为9.81g/cm^3，熔点为220℃，沸点为685℃，是典型的半导体，性脆。常温下硒不与氧作用，在空气中加热会着火燃烧生成二氧化硒（SeO_2），在一定温度下（灰硒约为71℃）可被水氧化，硒溶解于强碱溶液中形成硒化物，也形成硒酸盐和亚硒酸盐。

碲（Te）属稀散元素，有两种同素异形体，一种为六方晶系，原子排列呈

螺旋形，具有银白色金属光泽；另一种为无定形，呈黑色粉末状。碲的熔点为449.8℃，沸点为1390℃，在20℃时，结晶碲的密度为6.24g/cm^3，无定形碲的密度为6.015g/cm^3。碲在空气或氧气中燃烧生成二氧化碲（TeO_2），并发出蓝色火焰。碲可同卤族元素发生强烈反应，生成碲的卤化物。和硒相反，在高温下碲几乎不同氢发生反应。

铋是灰白带粉红色的金属，熔点较低，易挥发，熔点为271℃，沸点为1580℃，密度为9.80g/cm^3。铋在凝固时体积增大，膨胀率为3.3%。此外，铋性脆，室温下铋在湿空气中轻微氧化，加热到熔点则燃烧生成三氧化二铋（Bi_2O_3）。铋同盐酸反应缓慢，同硫酸反应放出二氧化硫气体，同硝酸反应生成硝酸盐。

铟（In）是一种稀散元素，为银白色金属。铟的化学性质与铁相似，常温下纯铟不被空气或硫氧化，加热到超过熔点时，可迅速与氧和硫化合。铟的可塑性强，有延展性，可压成极薄的铟片，很软，能用指甲刻痕。铟的熔点为156.61℃，沸点为2080℃，密度（20℃时）为7.31g/cm^3。

6.2 铂族、稀土、硒、碲、铋、铟的用途

铂族元素在工业上有广泛的用途，特别是在国防、化工、石油化工、仪器仪表、电子、机械制造和医疗等领域。铂族元素是重要的工业材料，虽有很多共同特性，但各自也有独特的性质，因而在用途上也就不尽相同。

铂具有良好的催化作用和耐腐蚀性，电阻及电阻温度系数很稳定。铂在石油化工领域可作催化剂，在化学工业中可作设备的防腐材料，在电化学工业中可作燃料电池的电极、阴极保护防腐装置等；铂在电解、电镀、探照灯及医疗器械方面也有应用；铂是电子和电工仪器设备的测温材料（热电偶、电阻温度计）、触点材料、电阻材料、发动机火花塞电极和永磁材料的主要成分；在环保方面铂可用作控制大气污染的催化剂（控制汽车排气污染）；在玻璃工业上铂可用于制造熔化和处理特殊用途玻璃的铂坩埚；铂还在航行器、原子能、工艺品、首饰等方面有广泛的应用。近年来，世界铂的工业年总消费量为772万盎司（1盎司=28.35克）。其中，铂饰品的年消费量为170万盎司，占总消费量的22%；汽车业铂的年消费量为417万盎司，占总消费量的54%。

钯主要用于电工、仪表工业作低电流摩擦接触器和化工人造纤维的催化剂。钯合金可制造用于提高制氢气纯度的扩散设备和钎焊的钯焊料，也是牙科、制药、首饰工业的原料。

铑对可见光有高的反射率，可制造工业镜及反射镜的镀层；在电子仪表工业中用于制造仪表零件、电阻丝和导线等；在化学工业中作催化剂和生产玻璃纤维的加热器。铑可作为铂、钯的添加剂来提高它们的强度，也用于制作首饰及装饰

用镀层。

铱作铂、钯的添加剂，可提高其硬度、耐腐蚀性和熔点，化工上可作催化剂和颜料，仪器仪表工业中用于制造电位计、热电偶等，并可制造钢笔尖和医疗器具，也用于航空和机器制造工业。

钌主要作为铂、钯的添加剂，可提高其性能，在有机化学工业中可用作催化剂，也用于无线电、仪表和制药工业。

锇主要作为铂、钯的添加剂和化工产品的催化剂，也用于照相、电影技术以及仪表和制药工业。

据《世界矿产资源年评（2013）》，近年来世界铂族金属矿山年生产量 1637 万盎司，其中铂 682 万盎司、钯 704 万盎司。铂金属年总供应量为 748 万盎司（其中再生金属 86 万盎司）；钯金属年供应量为 796 万盎司（其中再生金属 76 万盎司）。铂族金属生产量远低于消费量，市场受需求和投机买卖的推动，铂价快速上升，资源供给前景也较好。

稀土元素在工业部门中用途广泛，主要用于冶金、石油、玻璃、化工、电子、原子能等。

在传统用途方面，由于稀土金属化学性质活泼，能净化其他金属，被大量用于冶金工业。在冶炼钢铁时加入稀土氧化物可以去掉钢铁中的杂质（如砷、锑、铋等）。用稀土氧化物烧成的高强度低合金钢，可制造汽车部件，并可压成钢板、钢管，用于制造输油管及输气管。稀土具有优越的催化活性，在石油工业中被用作石油裂解的催化裂化剂，以提高轻质油的产出率。稀土还用作汽车尾气的催化净化剂、油漆催干剂、塑料热稳定剂，制造合成橡胶、人造羊毛、尼龙等化工产品。利用稀土元素的化学活性及其离子带色功能，在玻璃、陶瓷工业上可用其作玻璃澄清、抛光、染色、脱色和陶瓷颜料。我国首次将稀土用于农业，作为多元复合肥的微量元素，促进农业增产。传统应用方面大多是利用铈组稀土元素，消费量约占稀土总消费量的 90%。

在高科技应用方面，由于稀土具特殊的电子结构，其各种能级电子跃迁产生特殊光谱。钇、铈、铕的氧化物广泛用于彩色电视、各类显示系统的红色荧光体以及制作三基色荧光灯荧光粉。利用稀土特殊的磁性能制造各超级永磁铁，如钐钴永磁铁、钕铁硼永磁铁，在各类电机、核磁共振成像装置、磁悬浮列车以及光电子等高技术领域有着广泛的应用前景。镧玻璃广泛用作各种透镜、镜头材料和光纤材料。铈玻璃用作防辐射材料。钕玻璃及钇铝石榴子石稀土化合物晶体是重要的极光材料。在电子工业上，添加氧化钕、氧化镧、氧化钇的各类陶瓷被用作各类电容器材料。稀土金属用于制造镍氢充电电池。在原子能工业上，氧化钇被用于制造核反应堆的控制棒。铈组稀土元素与铝、镁制成的轻量耐热合金被用于航空航天工业，用以制造飞机、宇宙飞船、导弹、火箭等的零部件。稀土元素也用于超导材料和磁性伸缩材料，但这方面仍处于研究开发阶段。

稀土元素的产品种类很多，共计300多个品种、500多种规格。据《世界矿产资源年评（2013）》，近年世界稀土氧化物年总消费量为12.5万吨，其中中国消费7.3万吨，居世界第一位。我国稀土消费结构为：高科技材料占48.9%（含永磁体），冶金及机械占9%，玻璃和陶瓷占7%，石油与化工占6%，农业、轻工业、纺织业占7%，其他占22.1%。世界稀土氧化物年生产量13万吨。由于产量过剩，世界稀土氧化物市场长期处于供大于求的状态。

硒主要用于玻璃、电子、光学及冶金工业。工业纯硒用于玻璃的着色和脱色颜料。发射高质量信号用的透镜玻璃含硒2%，加入硒的平板玻璃用作太阳能的热传输板和激光器窗口红外过滤器。硒可以改善碳素钢、不锈钢和铜的切削加工性能，大约30%的硒以高纯形式（99.99%）与其他元素制成合金，用以制造低压铁流器、光电池、热电材料以及各种复印、复写的光接收器。硒以化合物形式用作有机合成的氧化剂、催化剂、医药、动物饲料微量元素添加剂（0.1×10^{-6}）。硒加入橡胶中可增加耐磨性质。硒及硒化物加入润滑脂中，可用于超高压润滑。

20世纪80年代以来，世界硒的消费量增长很快，90年代初已达年消费量2000t，其中，电子和光学领域约占30%，玻璃制造占35%，冶金和颜料各占10%，农业和生物学占5%。

碲与硒的用途相似，主要用于冶金工业。加入少量碲，可以改善低碳钢、不锈钢和铜的切削加工性能。在白口铸铁中用作碳化物稳定剂，使表面坚固耐磨。在铅中添加碲可提高材料的抗蚀性能，用作海底电缆的护套；也能增加铅的硬度，用来制作电极板。工业上碲可用作石油裂解催化剂的添加剂以及制取乙二醇（$C_2H_6O_2$）的催化剂。氧化碲用作玻璃的着色剂。高纯碲可用作温差电材料的合金组分，其中碲化铋（Bi_2Te_3）为最好的制冷材料。化合物半导体（$As_{32}Te_{48}Si_{20}$）是制作电子计算机存储器的材料。超纯碲单品是一种新型的红外材料。

铋最早用于医药工业，可制收敛剂及消炎药等。随着新用途的开发，铋广泛用于冶金、化工、电子和宇航等部门。铋在航空工业上用作制造飞机上的薄质软管及雷达设备的零件。铋和锡、锑、铜的合金是一种低熔合金，制造轴的衬里，在消防和电气安全装置上有特殊的重要性。由于铋具有凝固时体积膨胀的特性，它可用来制造热电偶。铋的化合物还用来制作有色玻璃。

美国是世界铋的消费大国，占世界消费量的一半，39%的铋用于易熔合金。日本40%～50%的铋用于电子工业，电子工业是铋的主要消费领域。

铟广泛用于电子、电器工业，是制造半导体、焊料、合金、整流器、热电偶、电子元器件、高速传感器与光伏电池、电脑芯片的重要材料。铟锡氧化物靶材是制造液晶显示器、液晶电视、手机屏幕、等离子电视等多种电子、电信产品不可缺少的材料。纯度为99.97%的铟是制作高速航空发动机银铅铟轴承的材料。低熔点合金，如伍德合金中每1%的铟可降低熔点1.45℃，当加到19.1%时，熔点可降到47℃。铟与锡的合金（各50%）可作真空密封之用，能使玻璃与玻璃或玻璃与金属黏接。金、钯、银、铜同铟的合金常用来制作义齿和装饰品。锑化铟（InSb）可用作红外线检波器的材料。磷化铟（InP）可以制作微波振荡器。70%以上的铟用于制造纳米铟锡金氧化物（ITO）靶材。铟的另一个重要用途是作焊料和合金，占11%。

由于铟的特殊用途，需求量上升，世界芯片巨头英特尔曾发布信息说，下一代标准半导体晶体管——锑化铟晶体管的运算速度将提升50%。如果新生产电脑中有一半使用该晶体管，全球对铟的需求至少年增加300t以上；如果新型太阳能电池达到商业化，每年全球对铟的需求量还要大幅增加。我国已成为世界铟的主要生产国之一，年产量的80%以上供出口。据报道，2012年我国铟产量为212t，比上年度产量有所下滑。

6.3 铂族、稀土、硒、碲、铋、铟资源状况

据《世界矿产资源年评（2008~2009）》，至2008年年底，世界铂族金属探明储量为6.6万吨，主要分布在南非、俄罗斯、美国、加拿大。其中，90%的储量产于南非的布什维尔德杂岩体中。世界铂族金属资源量估计在10万吨以上。

我国铂族金属资源比较贫乏。至2008年年底，我国铂族金属查明基础储量10432t，查明资源储量334558t，主要集中在甘肃金川铜镍矿中，占48.1%，云南弥渡金宝山铂钯矿占14.2%，四川丹巴杨柳坪铂钯矿占12.4%，以上三矿区占查明资源储量的74.7%。

世界稀土金属资源丰富，但分布不均匀。据《世界矿产资源年评（2013）》，至2012年，世界稀土氧化物探明储量为11000万吨，主要分布在中国、俄罗斯、美国、澳大利亚、印度、巴西、马来西亚等国。预计未来世界稀土需求年平均增长率可达3.2%，其资源潜力巨大，可满足人类社会发展的需求。

我国是世界上稀土资源丰富的国家，截至2010年年底，稀土（氧化物）查明的资源分布地区，轻稀土主要分布在内蒙古、四川、山东等地，重稀土主要分布在江西、广东、湖南、福建等地。

世界硒资源分布十分广泛。据美国矿业局估算，已开发的铜矿床中伴生硒储量8万吨，储量基础13万吨，主要集中在美国、中国、比利时、加拿大、智利、荷兰、印度、墨西哥、秘鲁、瑞典、前南斯拉夫、赞比亚等国。此外，未开发的铜矿及其他金属矿床中含有丰富的硒，估计其资源量为30多万吨。

我国是硒的主要资源国之一，2010年基础储量155.0t，查明硒资源主要集中在甘肃、广东、黑龙江、湖北、青海五省，占总储量的80%，以甘肃金川—白银地区、长江中下游地区、粤北地区的硒储量最为集中。铜镍硫化物型矿床中的硒

资源占全国储量的50%（甘肃金川），另外50%的储量产于斑岩型铜矿床（江西德兴铜矿）、矽卡岩铜矿床或铅锌多金属矿床（江西九江城门山）和热液型矿床（广东曲江大宝山）中。

碲在自然界与硒共生，但碲资源远比硒资源少。世界铜矿床中伴生碲储量2.2万吨，储量基础3.8万吨，主要分布在美国、加拿大、秘鲁、日本。此外，碲还伴生于铅矿、煤矿和金矿中。

我国碲资源丰富，查明碲资源主要集中在广东、江西、甘肃三省。我国碲资源多集中在热液型多金属矿床、矽卡岩型铜矿床和岩浆铜镍硫化物型矿床中。这三种类型的矿床，分别占我国碲储量的44.77%、43.89%和11.34%。广东曲江大宝山、江西九江城门山和甘肃金川白家嘴子为我国三个大型～特大型伴生碲矿床，占全国总储量的94%。此外，碲还见于斑岩型铜矿床、矽卡岩型铅锌多金属矿床、火山沉积型铁矿床及热液型石英-金矿床和汞-锑矿床中。

世界铋矿主要分布于中国、澳大利亚、秘鲁、墨西哥、日本、美国等国家。铋很少单独成矿，一般都同铅、锌、铜、钼、钴、金、锡、银、钨等伴生。我国生产的铋大部分是钨砂的副产品；澳大利亚的铋大都来自铅锌银矿和铜矿；墨西哥的铋多来自铅矿和铜矿；加拿大的铋取自钼矿、铅锌矿和铜矿石；美国铋最终来源可能是铅锌银矿床；玻利维亚从铜矿石和锡砂石中提取铋。

我国铋矿资源丰富，是铋资源大国。至2010年年底，铋矿查明基础储量23.6万吨。其中，湖南、广东、内蒙古、江西四省（区）资源储量占全国总资源储量的91%，其余分布在云南、福建、广西、甘肃等省（区）。我国铋资源几乎全部为伴生矿产，以共、伴生并存在于钨、锡、钼、铜、铅、锌等有色金属矿床中，以钨矿伴生最多，占70%，其次与铜、铅锌伴生的占17%，还有少量伴生于铁（占5.7%）、锡（占5.3%）、钼等金属矿床中。我国拥有世界上最大的铋矿山——湖南柿竹园钨锡钼铋矿山。该矿山是世界上独一无二的超大型铋矿床，也是我国重要的铋资源基地。我国铋矿的资源储量和产量均居世界首位，对铋矿的供需平衡起着重要作用。

世界铟储量据美国矿业局估计，仅1692t，储量基础3012t。其中，主要分布在加拿大、美国、秘鲁和俄罗斯。铟在自然界多见于闪锌矿中，也富集在其他硫化物矿中，如锡、铅、铜的硫化矿中。铟主要来源于精炼锌的副产品。20世纪90年代，全球从锌等主矿产冶炼的炉渣、滤渣、残渣和烟尘中提取的铟及再生铟，年产量约120～140t。

我国铟矿资源较为丰富，铟主要分布在云南、广西、湖南、青海、内蒙古、广东、黑龙江、福建等省（区）。铟主要伴生于锌矿中，约占总储量的50%；其次伴生于铜、锡、铅锌等多金属矿中，约占30%；其他少量伴生于汞矿、钼矿和铁矿中。

6.4 铂族、稀土、硒、碲、铋、铟资源赋存状态

铂族元素和硒、碲有益伴生组分的研究资料很少。硒是亲硫元素，主要富集于硫化物中，碲与硒密切相关。初步研究表明，硫化物中的硒、碲含量有随矿石基性程度增加而增高的趋势。早年吴本羡等对红格矿进行了较系统的研究，硫化物中 Se 含量为 0.0028% ~0.0048%，Te 含量为 0.0003% ~0.0005%，Se 含量与 Te 含量的比例大致为 10∶1。

各矿区原矿中铂族元素含量很低，在 0.019 ~0.027g/t 之间，主要富集于硫化物中。铂族元素在硫化物中的含量，攀枝花矿为 0.116 ~0.137g/t，白马矿为 0.05 ~0.45g/t，太和矿为 0.42g/t，红格矿为 0.189 ~0.451g/t。硫化物含铂多少受含矿母岩的岩相、矿石类型控制。攀西地质大队对中干沟矿区钒钛磁铁矿中硫化物的铂族元素含量进行了比较详细的分析测试，分析结果见表 6-1。

表 6-1 中干沟矿区钒钛磁铁矿中硫化物的铂族元素含量 (g/t)

矿石类型	矿石品级	Pt	Pd	Os	Ir	Ru	Rh
辉石岩型 1	Fe_2	< 0.015	< 0.015	< 0.003	< 0.003	< 0.003	< 0.003
辉石岩型 2	Fe_2	0.022	0.030	< 0.003	< 0.003	< 0.003	< 0.003
角闪辉石岩型	Fe_3	< 0.015	< 0.015	< 0.003	< 0.003	< 0.003	< 0.003
含橄辉石岩型	Fe_3	0.135	0.026	0.024	< 0.003	0.022	0.011
含磷辉石岩型	Fe_4	< 0.015	0.056	< 0.003	< 0.003	< 0.003	< 0.003

从表 6-1 可以看出，岩性基性程度高，如橄榄岩-辉石岩内铂族元素比较富集，据地质勘查结论，铂族元素有富集区段，不能忽视其综合利用。

稀土元素属元素周期表第三族，通过对四大矿区广泛采样分析测试结果，稀土在钒钛磁铁矿中的含量都很低。

6.5 钒钛磁铁矿中铂族、稀土、硒、碲、铋、铟的含量与分布

对攀西主要矿区（攀枝花矿区、白马矿区、太和矿区及红格矿区）钒钛磁铁矿中铂族、稀土等资源的含量与分布的分析测试结果见表 6-2 ~ 表 6-5。

表 6-2 攀枝花矿区铂族、稀土等资源的含量与分布 (%)

样品类型	样品名称	元素（或化合物）含量				
		$Pt/10^{-7}$	$Pd/10^{-7}$	$Au/10^{-7}$	$Bi/10^{-7}$	稀土总量/10^{-4}
原矿样	兰山中部ⅤFe_3	2.1	2.62	0.049	55.3	531
	兰西ⅧFe_1	0.68	0.78	0.049	79.9	99.5
	兰山中部ⅥFe_2	16.9	10.2	0.049	80.9	921

续表 6-2

样品类型	样品名称	元素（或化合物）含量				
		$Pt/10^{-7}$	$Pd/10^{-7}$	$Au/10^{-7}$	$Bi/10^{-7}$	稀土总量$/10^{-4}$
原矿样	朱矿西部ⅧFe_3	1.16	1.2	0.049	26.8	580
	朱矿中部ⅣFe_3	0.71	1.04	0.049	38	776
	朱矿中部ⅥFe_3	3.64	4.38	0.049	82.4	1140
	朱矿中部ⅥFe_2	1.28	0.62	0.049	87.6	1150
	朱矿中部ⅧFe_1	0.78	0.51	0.049	57.8	993
	朱矿中部ⅧFe_2	0.59	0.62	0.049	334	1090
	朱矿西部ⅥmFe	0.98	0.56	0.049	346	433
	尖山 Fe_1	1.52	0.78	0.099	0.061	1050
	尖山 Fe_2	1.18	1	0.049	0.045	1060
	尖山 Fe_3	23	13.9	0.2	1.13	597
	尖山 mFe	0.82	0.64	0.099	0.038	406
岩石样	兰山顶板 w_1	0.86	0.9	0.049	117	307
	兰山顶板大理岩	0.26	0.37	0.69	270	0.69
	兰山采场中粒辉长岩	0.98	0.74	0.049	104	148
	朱矿顶板 w	4.3	2.18	0.049	72.7	220
	朱东底板 w	1.25	0.89	0.049	162	158
	尖山辉长岩	1.82	1.14	0.049	0.077	181
	尖山角闪片麻岩	2.32	2.06	0.049	0.085	440
	尖山大理岩	0.6	0.18	0.049	0.004	504
生产样	铁精矿	1.63	0.95	0.049	98.1	855
	钛精矿	3.73	4.87	0.049	27.1	3020
	硫钴精矿	24.5	8.850	0.059	1.26	42.2
	选钛尾矿	0.66	0.19	0.049	81.1	648
	选铁尾矿	0.89	0.62	0.049	951	487

表 6-3 白马矿区铂族、稀土等资源的含量与分布 （%）

样品类型	样品名称	元素（或化合物）含量				
		$Pt/10^{-7}$	$Pd/10^{-7}$	$Au/10^{-7}$	$Bi/10^{-7}$	稀土总量/10^{-4}
原矿样	白马田家村北矿区 Fe_2	2.62	1.65	0.15	0.1	474
	白马田家村北矿区 Fe_3	5.59	4.3	0.2	0.038	448
	白马田家村北矿区 Fe_4	0.5	0.4	0.2	0.66	192
	白马岌岌坪南矿区 Fe_1	1.46	0.72	0.049	0.053	462
	白马岌岌坪南矿区 Fe_2	2.66	2.07	0.049	0.4	477
	白马岌岌坪南矿区 Fe_3	2.1	2.6	0.099	0.08	321
	白马岌岌坪南矿区 Fe_4	1.88	1.84	0.099	0.1	412
	白马岌岌坪北矿区 Fe_2	0.4	<0.1	0.049	0.074	431
	白马岌岌坪北矿区 Fe_3	0.4	<0.1	0.049	0.44	375
	白马岌岌坪北矿区 Fe_4	1.98	1.28	0.049	0.093	896
岩石样	白马岌岌坪岩石样	0.68	0.7	0.099	0.16	130
生产样	铁精矿	0.52	0.44	0.049	156	736
	总尾矿	0.24	0.13	0.049	297	317

表 6-4 太和矿区铂族、铋等资源的含量与分布 （%）

样品类型	样品名称	元素（或化合物）含量			
		$Pt/10^{-7}$	$Pd/10^{-7}$	$Y/10^{-4}$	$Bi/10^{-4}$
原矿样	1 号样原矿	1.4	1.68	1.03	2.8
	2 号样原矿	2.98	1.56	0.88	3.15
	3 号样原矿	5.49	1.32	4.74	2.43
	4 号样原矿	0.92	1.12	7.67	1.43
岩石样	5 号样围岩	17.8	3.04	4.89	0.69
	6 号样围岩	34.2	36.8	10.1	0.98
生产样	铁精矿	1.53	1.82	2.75	5.72
	钛精矿	2.28	6.86	1.59	1.72
	硫钴精矿	110	169	7.57	2.03
	总尾矿	24.6	2.34	12	0.62

表6-5 太和矿区稀土、硒等资源的含量与分布 (%)

样品类型	样品名称	元素(或化合物)含量/10^{-4}			
		稀土总量	Se	Te	In
原矿样	1号样原矿	91.5	0.45	0.84	0.12
	2号样原矿	91.8	0.23	0.45	0.11
	3号样原矿	77.3	0.65	0.23	0.094
	4号样原矿	94.8	0.76	0.078	0.1
岩石样	5号样围岩	69.9	0.51	0.052	0.04
	6号样围岩	116	0.26	0.16	0.081
生产样	铁精矿	101	0.19	0.4	0.1
	钛精矿	130	0.3	0.15	0.11
	硫钴精矿	108	50.2	2.01	0.17
	总尾矿	198	0.68	0.057	0.09

表6-6 红格矿区铂族、铋等资源的含量与分布 (%)

样品类型	样品名称	元素(或化合物)含量			
		Pt/10^{-7}	Pd/10^{-7}	Y/10^{-4}	Bi/10^{-4}
原矿样	南矿区铜山表内矿	3.4	<1	2.37	49.34
	南矿区马松林	18	9.2	<0.01	68.8
	北矿区东矿段1760北平段一区	8.5	<1	34.2	18
	北矿区东矿段1760中部	14	1.5	<0.01	58.5
	北矿区西矿段豪段1700中部	26	8.3	5.81	36.6
	北矿区西矿段1750水平中部	13	<1	29.9	15
岩石样	南矿区铜山表外矿	12	1.9	11.7	24.7
	南矿区马松林表外矿	23	12	6.61	19
生产样	龙蟒原矿	1.65	1.1	36.7	35.7
	干式预选尾矿	1.3	0.8	58.5	15.6
	铁精矿	0.68	0.55	<0.01	76.6
	选钛入料	0.82	2	13.8	10.1
	选钛作业强磁尾矿	2.95	2.02	28.9	9.32
	钛精矿	0.92	1.15	<0.01	14.7

表 6-7 红格矿区稀土、硒等资源的含量与分布 （%）

样品类型	样品名称	元素（或化合物）含量/10^{-4}			
		稀土总量	Se	Te	In
原矿样	南矿区铜山表内矿	163	<25	<25	50.6
	南矿区马松林	192	<25	<25	112
	北矿区东矿段 1760 北平段一区	336	<25	<25	17.8
	北矿区东矿段 1760 中部	189	<25	<25	93.2
	北矿区西矿段豪段 1700 中部	116	<25	<25	38.2
	北矿区西矿段 1750 水平中部	321	<25	<25	16.1
岩石样	南矿区铜山表外矿	120	<25	<25	22.8
	南矿区马松林表外矿	117	<25	<25	21.6
生产样	龙蟒原矿	460	<0.01	<0.01	115
	干式预选尾矿	633	<0.01	<0.01	51
	铁精矿	383	<0.01	<0.01	231
	选钛入料	359	<0.01	98.3	39.8
	选钛作业强磁尾矿	335	<0.01	33	68.9
	钛精矿	479	<0.01	280	68.3

6.6 铂族、稀土、硒、碲、铋、铟的一般工业指标

对铂族金属矿床进行评价无专门的工业指标。铂族金属形成独立的矿床较少，主要是从开采与超基性岩有关的铜、镍矿床中综合回收，因此无单独的品位要求，有多少算多少。铂族金属常与铜、镍、钴、金、硒、碲等共生、伴生，其砂矿常与金在一起，要注意综合评价。铂族金属地质勘查一般工业指标见表 6-8。

表 6-8 铂族金属地质勘查一般工业指标

矿床类型		金属种类	边界品位	最低工业品位	块段品位	最小开采厚度/m	夹石剔除厚度/m
原生矿床	超基性岩含铜镍型矿床	Pt+Pd	0.3~0.5g/t	≥0.5g/t	1.0g/t	1~2	≥2
		Pt	0.25~0.42g/t	≥0.42g/t	0.84g/t		
		Pd	1.25~2.1g/t	≥2.1g/t	4.20g/t		
	伴生矿床	Pt、Pd	0.03g/t				
		Os、Ir、Ru、Rh	0.02g/t				

续表6-8

矿床类型		金属种类	边界品位	最低工业品位	块段品位	最小开采厚度/m	夹石剔除厚度/m
砂矿床	松散沉积型矿床	Pt+Pd	$0.03g/m^3$	$\geqslant 0.1g/m^3$		0.5~1	1
		Pt	$0.025g/m^3$	$0.085g/m^3$			
		Pd	$0.125g/m^3$	$0.42g/m^3$			
	砂砾岩型矿床	Pt+Pd	$0.1\sim0.5g/m^3$	$1\sim2g/m^3$			
		Pt	$0.085\sim0.42g/m^3$	$0.84\sim1g/m^3$			
		Pd	$0.42\sim2.1g/m^3$	$4.2\sim8.4g/m^3$			

据《铁、锰、铬矿地质勘查规范》（DZ/T 0200—2002），稀土矿床一般工业指标见表6-9。硒一般工业指标见表6-10。碲一般工业指标见表6-11。铋很少成为单独矿床。铋矿一般都与铅、锌、钨、铝、铜、锡等矿伴生。铋在单独开采时的最低工业品位为0.5%。铟一般工业指标见表6-12。

表6-9 稀土一般工业指标

工业指标	原生矿	离子吸附型矿	
		重稀土	轻稀土
REO边界品位/%	0.5~1.0	0.03~0.05	0.05~0.1
REO最低工业品位/%	1.0~2.0	0.06~0.1	0.08~0.15
最小开采厚度/m	1~2	1~2	1~2
夹石剔除厚度/m	2~4	2~4	2~4

表6-10 硒一般工业指标

项目	Se矿石品位/%	备注
铜镍矿石	0.0005~0.006	
铜镍矿床的硫化物矿石	0.002~0.017	
铜镍矿床的铅锌矿石	0.001	
含硒独立矿物的硒化物矿床	0.08	可作硒矿单独开采
铜、锌黄铁矿矿石	0.025~0.006	
含铜黄铁矿矿床	0.001~0.012	
含铜黄铁矿矿床	0.1	
辉钴矿或辉锑矿碲化物-硒化物型的矿石	0.0001~0.012	
贡矿	0.003	
含硒凝灰岩或灰质页岩中的黄铁矿	0.7~1.8	

续表6-10

项　目	Se矿石品位/%	备　注
自然硫化矿	0.2～0.3	
火山灰及斑脱岩	0.003～0.005	
硫化物矿床铁帽及氧化带矿石	0.01～0.1	
含铜砂页岩	0.002	
磷块岩	0.02	
含钾钒的铀矿床及沥青质和炭质页岩沉积铀矿床	0.002～0.001	

表6-11　碲一般工业指标

项　目	Te矿石品位/%
铜、镍矿石	0.0002～0.0006
自然硫矿床	0.001～0.02
含铜黄铁矿矿石	0.001～0.016
含铜黄铁矿	0.01～0.08
铜钼硫化物矿床	0.0008～0.005
铜、钼矿石	0.03
铜、铅、锌矿石	0.001
辉钴矿、碲化物-硒化物型的矿石	0.0002～0.0007
各类型低温碲金矿	0.001～0.01

表6-12　铟一般工业指标

项　目	In矿石品位/%	备　注
赤铁矿石	0.1	可作铟矿单独开采
铜铅锌的锡石和黑钨矿石	0.01～0.03	
铜钼矿床	0.001～0.003	
多金属硫化物矿石	0.0005～0.001	
锌黄铁矿硫化物矿石	0.001～0.03	

6.7　铂族、稀土、硒、碲、铋、铟资源利用现状及潜力分析

6.7.1　铂族、稀土及其他共伴生资源利用现状

攀西钒钛磁铁矿中的铂族、稀土、硒、碲等元素不仅从未利用，而且相关的试验研究也很少，仅在个别的矿石物质组成的研究报告中偶尔提及。目前，攀西钒钛磁铁矿中的铂族、稀土、硒、碲等资源回收利用还处于空白。

6.7.2 铂族、稀土及其他共伴生资源利用潜力分析

6.7.2.1 铂族元素利用潜力分析

攀西四大矿区各类原矿和选矿产品中，铂、钯含量分析测试结果都在10^{-6}级的水平，主要赋存于硫化物中。经选矿后，得到的硫钴精矿中，铂、钯有所富集，含量高者如太和硫钴精矿，Pt+Pd可达到0.2g/t以上，略低于金川原矿，但数量很少，没有经济利用潜力。可在硫钴精矿的进一步加工中注意其走向，探求是否在浸出渣或阳极泥中有富集回收的可能。

6.7.2.2 稀土资源利用潜力分析

攀西钒钛磁铁矿中的稀土元素属于轻稀土，稀土总量在0.007%～0.115%之间，我们也对其中两个矿区进行了钇的测试，其含量更低，相对于包头白云鄂博铁铌稀土矿氧化矿（REO 5.18%～5.57%）低几个数量级，而且没有富集的渠道。各种选矿产品分析测试数据中，稀土只在攀枝花矿区的钛精矿中略有富集，品位也只达到0.3%，显然很难做到经济有效的回收利用。应当注意的是，作为杂质，稀土元素会对钛白粉的生产过程有一定影响。因为稀土元素中一些变价元素，在湿法冶金过程中，会造成一些工艺条件的变化。应予以重视。

因此，根据目前的认识，在未发现有稀土明显富集矿段之前，攀西钒钛磁铁矿中的稀土不能称为资源，没有回收利用的潜力。

6.7.2.3 硒、碲及其他伴生元素利用潜力分析

A 硒、碲资源利用潜力分析

研究表明，钒钛磁铁矿中的硒、碲主要赋存于硫化物中。目前攀西地区太和铁矿的硫化物回收利用相对较好，因此，本次调查研究工作中，特对太和矿区各类样品进行了硒、碲含量与分布的分析测试。结果证明硒、碲在硫化物精矿中得到富集，硒含量达Se 50.20×10^{-6}，碲含量达Te 2.01×10^{-6}。尽管钒钛磁铁矿中Se、Te的含量很低，但它们有富集的载体。选矿过程中得到的硫化物中，Se、Te含量水平与有色金属矿产铜矿和铅锌矿中的一般含量相当。

我国目前Se、Te产品主要来自有色金属冶炼厂。如江西贵溪冶炼厂，每年从各种冶炼渣中回收高纯硒200t，碲50t，是我国硒、碲的生产大户之一。钒钛磁铁矿中硫化物的进一步冶炼加工与有色金属矿一样，只是目前的量较少。由此，我们认为，钒钛磁铁矿中进入硫钴精矿的硒、碲有一定回收利用的可能，但数量很少，基本没有工业价值。

B 其他钒钛磁铁矿中的共伴生资源回收利用潜力分析

（1）铋。铋属于有色金属，主要从有色金属冶炼过程中提取，在钒钛磁铁矿中含量低，无富集点，与有色金属矿相比，没有提取价值。

（2）磷。在钒钛磁铁矿中有磷灰石存在，各矿区矿石含 P_2O_5 在 1% 以下，最高者太和矿，有些样品高达 0.98%。选矿中磷进入铁精矿、钛精矿中，都是一种杂质，对钛精矿的质量影响较大。目前有的选钛厂，在除磷过程中得到一种含磷渣，是否可作为一种低质量的磷原料还有待研究，建议堆存。

（3）锰。以往的分析测试资料表明，钒钛磁铁矿中都有一定的锰存在，以 MnO 计的含量有随矿石品级的增高而增高的趋势，攀枝花矿区稳定于 0.43% ~ 0.23%，白马矿区为 0.43% ~0.31%，太和矿区为 0.39% ~0.27%，红格矿区为 29% ~0.13%。MnO 分别分散在钛磁铁矿、钛铁矿和脉石中，各矿物相中的含量都在 1% 以下，未发现富集趋势，因此不具综合回收的可能。

第7章　攀西钒钛磁铁矿共伴生资源合理利用的方向及建议

本项目通过大量的资料搜集和现场调查及实验室的分析测试等工作，掌握了攀西钒钛磁铁矿主要共伴生元素的含量和分布情况。在此基础上，本章结合国内相关的资源及其开发利用情况、市场需求情况对攀西钒钛磁铁矿中的共伴生元素高效利用的潜力进行初步的分析评价，指出各类共伴生元素高效利用的可能和方向，提出对策和建议。

7.1　钒钛磁铁矿共伴生资源合理利用方向

7.1.1　钛、钒、铬资源利用率有提升空间

优化、扩展现有生产工艺，钛、钒、铬资源利用率有提升空间，具体表现在以下几方面：

（1）目前生产中最终尾矿含 TiO_2 偏高，钛资源利用率有较大的提升空间。分析测试数据说明，各矿区选矿厂的选铁工艺中，TiO_2 进入铁精矿和选铁尾矿中的比例是不同的，有较大的差异。2011 年，攀西 10 个矿山企业选铁工艺中，TiO_2 进入铁精矿的比例从 24.57% 到 50.04%，有较大的差别。说明各矿山钛精矿的回收率应当有较大的不同。目前各矿山取得的回收率，还不能完全反映这种差别，说明有提高钛资源利用率的潜力存在。调查和测试数据证实各矿山排出尾矿的 TiO_2 品位偏高，选钛工艺流程还不能完全适应各矿区矿石的工艺特性，主要是微细粒中钛损失较多。加强微细粒中钛的回收利用技术研究，进一步调整流程结构与药剂制度，攀西地区钒钛磁铁矿的选钛水平仍有较大的提升空间。

（2）直接还原或其他冶炼新工艺是增加钛资源利用量的补充途径。以钒钛磁铁矿铁精矿为原料，采用转底炉直接还原—电炉熔炼的新流程试验取得了很大的进展，试验成果通过了专家评审。铁精矿、钛精矿经深度精选后按比例配为混合精矿，再将混合精矿直接入电炉冶炼的新工艺，成功完成了富钛提钒试验，该工艺虽然还存在能耗高、炉龄短、生产率低等问题，但一旦有突破，无疑可以作为现流程的重要补充，提供更多的钛原料，是提高钛资源利用率的一个努力方向。

（3）低品位矿的利用是钛资源利用的新增长点。攀西钒钛磁铁矿按原定的

工业指标，表外矿长期未利用。近年来各矿山企业都纷纷把低品位矿的利用提上日程，开采品位不断下降，其原因一方面是由于选矿技术的进步，更主要的原因是表外矿中的 TiO_2/TFe 的比值相对较高，分选容易，利用价值高。攀西地区钒钛磁铁矿 101 亿吨探明储量中有近 40% 的表外矿。可以预计，表外矿利用程度的提高，在钛资源的利用方面将会发挥巨大的潜力。

（4）高炉渣中钛资源的利用技术有望取得进展。钒钛磁铁矿高炉冶炼炉渣中约含 22% ~23% 的 TiO_2，其品位高出铁精矿一倍，分离提取非常复杂和困难。大量的科研院所和厂矿经过长期的技术攻关，取得了不少的技术成果，其中“高温氮、碳化—低温氯化”生产 $TiCl_4$ 的方法和“含钛炉渣保温结晶—破碎、磨矿分选”进展相对较好。尽管目前这些方法还不成熟，但只要坚持努力，一旦有突破，将会为钛资源的利用带来发展潜力。

（5）加强冶炼环节中对钒的富集走向的基础调查研究，优化提钒工艺，钒的利用率有提升空间。钒的总回收水平还不高，并有较大波动，除了进一步优化吹钒技术参数以外，分散进入瓦斯灰，吹钒烟尘的钒有回收可能，同时，高炉渣和半钢带走的钒达到 30% 以上，这方面的损失还有一定的下降空间。钒在高炉冶炼中进入生铁的比例偏低，目前无调控手段和相关科研基础，应是一个努力的方向。

（6）铬资源的利用有资源和技术基础，有待富铬矿段的开发。铬资源的回收利用有资源和实验研究基础，也有明确的政策要求。由于铬的分布不均匀，目前暂不具备利用的资源条件，待富铬矿段开发后，铬的利用将会发挥应有的潜力。

7.1.2 钴、镍、铜、硫利用潜力可在近期内发挥

加强协调管理，钴、镍、铜、硫利用潜力可在近期内发挥，表现在以下几方面：

（1）“强磁—浮选”选钛工艺的推广有利于提高硫化物资源利用率。“强磁—浮选”的选钛工艺中，必须安排优先浮硫的工序，以硫化物存在的钴、镍、铜、硫进入浮硫产物而得到有效的富集，因此浮硫达到除杂和综合回收有用元素的双重目的，工艺简单易行。由于硫钴精矿量小而分散，目前未引起足够重视。加强管理，大力推广“强磁—浮选”的选钛工艺的同时，也应大力加强硫化物的回收，这是使该资源得到利用，近期即可见效的重要途径。

（2）从尾矿中再选硫化物具有一定的利用潜力。各矿区矿石中的硫化物分布很分散，有 60.85% ~77.58% 嵌布于脉石中。某些矿区硫化物结晶粒度较粗，脉石中的硫化物有回收可能，如太和矿区的硫化物中黄铁矿居多，磁黄铁矿少。因此，硫化物进入铁精矿中的量少，尾矿中硫化物含量较高，而黄铁矿的结晶粒

度相对较粗，从总尾矿中回收硫化物有较好效果。在硫钴精矿的深加工分离提取技术获得突破，产生价值时，从总尾矿中将赋存在脉石中的硫化物进一步分离提取是一个可行的途径。

（3）加强硫钴精矿深加工技术研究，促进硫化物资源利用。多年来攀西地区硫钴精矿的产量少，品位低，因此没有真正意义上的利用起来。近年选钛工艺的转变使硫钴精矿的产量逐步增加，其分离提取利用问题，日益受到重视，应加强管理，促进其深加工技术的研发，使其中的钴、镍、铜、硫都得到有效利用。应根据硫钴精矿数量有限、产量分散的特点，发挥“攀枝花钒钛磁铁矿综合利用示范基地”的优势，按市场规律集中开发，以求降低成本，硫化物资源利用率会快速提高。

7.1.3　钪将会显现应有的利用潜力

钪资源不具优势，但有少量富集部位，加强技术与市场开拓，钒钛磁铁矿中的钪将会显现应有的利用潜力。

（1）我国钪资源分布广泛，钒钛磁铁矿中的钪与其他含钪原料相比不具对比优势，面临挑战。钪元素分布广泛，我国铝土矿、稀土矿、钛铁砂矿、钒钛磁铁矿、黑钨矿、铁铌稀土矿中都含有钪，目前以铝土矿中的钪储量和提取最具优势。钒钛磁铁矿中的钪赋存分散，75% ~80%赋存于脉石中，采、选过程中大量进入尾矿；只有7%左右的Sc分布于钛铁矿中，选矿时进入钛精矿，进而在钛白粉生产废液中富集，但含Sc的溶液的浓度较低。目前国内钪的产能比较分散，分别来自氧化铝厂、钛铁砂矿钛白粉厂和钨矿生产厂。朱昌洛等通过从赤泥中提钪并制取铝钪中间合金技术研究，成功制备出99.9%的无水$ScCl_3$产品，成功研制出符合《铸造铝合金锭》（YS/T282—2000）的铝镁钪中间合金，钪回收率达90%。国内从黑钨矿渣中回收Sc的研究相对较多，该渠道是目前Sc的主要供应渠道之一。我国白云鄂博铁铌稀土矿中含钪量也较高，总储量可观，目前有关方面已开展了回收利用研究，取得了一定进展。可见，钒钛磁铁矿中钪的商业开发面临挑战。有关企业必须通览全局，提高工艺技术水平，充分挖掘潜力，为其早日开发利用创造条件。

（2）努力拓宽市场，鼓励扶持钒钛磁铁矿中钪的试生产。目前全球氧化钪产能10t左右，国内产能2t左右，国内实际消费量1t左右，与10年前相比，已有很大的提高。目前钪在新型光源材料、激光材料、合金添加剂、金属改性剂等领域的应用研究很活跃，进展很快，预计今后会有较快的发展。攀西地区作为国家战略资源创新开发基地，应鼓励、扶持对钪的提取利用及试生产，实现目前攀西钪产品为零的突破，使其在全国钪的生产中占有一席之地。

（3）立足资源，鼓励创新，不断加强技术开拓，钒钛磁铁矿中的钪将显现利用潜力。攀西钒钛磁铁矿中的钪在现有生产过程中富集渠道少，大部分流失于总尾矿中。唯一可富集钪的是提钛母液，但其中钪浓度一般小于1mg/L，生产成本高。应针对这些资源特点，不断开拓创新，如研发对提钛母液进行预处理，提高溶液钪浓度的技术，是必须而可行的努力方向。

此外，朱昌洛等从某地花岗伟晶岩和风化壳含钪 $10\times10^{-4}\%$ 的原矿中成功回收了 Sc_2O_3。攀西地区钒钛磁铁矿选矿总尾矿中的 Sc_2O_3 含量大部分为（20~30）$\times10^{-4}\%$，可以尝试进行从尾矿中提取钪的研究。坚持探索，不断进步，攀西的钪资源也会有利用潜力。

7.1.4 镓、锗、镉基本不具备利用潜力

镓主要分散于高炉产物中，锗、镉无富集渠道，基本不具备经济利用的潜力。

（1）镓分散于高炉产物中，大部分在高炉渣中，回收利用相当困难。攀西钒钛磁铁矿中的镓在各矿区原矿中的含量大都在 $20\times10^{-4}\%$ 以上，红格矿区有的矿段达到 70×10^{-6} 以上。在钒钛磁铁矿的选冶或钒钛的提取加工中，90%的镓进入铁精矿，进入高炉，少部分进入生铁，大部分进入高炉渣中。只有进入生铁的镓在氧化提钒工艺中部分富集于钒渣，有人做过利用试验，效果很差。进入高炉渣中的镓，其利用更难。

（2）锗、镉在采选加工中没有富集渠道，冶炼工艺中是否有少量富集还有待调查研究。锗、镉在攀西各矿区钒钛磁铁矿原矿中的含量都在（2~25）$\times10^{-4}\%$ 之间。钒钛磁铁矿中的锗和镉在矿石选冶加工过程中，未发现有明显的富集渠道。从我们初步研究结果看到，锗和镉在铁精矿和钛精矿中都没有明显富集的趋势，看不到利用潜力，在冶炼工艺中是否有少量富集，还有待调查研究。

7.1.5 硒、碲、铂族没有经济利用潜力

硫化物中硒、碲、铂族有所富集，但数量很少，没有经济利用潜力，但在硫化物深加工中，可探寻少量回收可能。

研究表明，钒钛磁铁矿中的硒、碲主要赋存于硫化物中。攀西地区太和铁矿硫化物的回收利用相对较好，因此，本次调查研究工作特对太和矿区各类样品进行了硒、碲含量与分布的分析测试，结果证明硒、碲确实在硫化物精矿中得到富集，硒含量达 Se $50.2\times10^{-4}\%$，碲含量达 Te $2.01\times10^{-4}\%$。尽管钒钛磁铁矿中硒、碲的含量很低，但它们有富集的载体，选矿过程中得到的硫化物，其硒、碲的含量水平与铜矿和铅锌矿等有色金属矿中的一般含量相当。钒钛磁铁矿中进入硫钴精矿的硒、碲有少量回收利用的可能，应当予以重视，但数量很少，没有经

济利用潜力。

铂、钯在四大矿区各类原矿和选矿产品中的含量经分析测试，结果都在10^{-9}级的水平，并主要赋存于硫化物中。经选矿后，得到的硫钴精矿中的铂、钯有所富集，含量高者如太和硫钴精矿中 Pt+Pd 可达到0.2g/t 以上，比金川原矿含量略低，但数量很少，没有工业价值。注意在硫钴精矿加工中铂、钯在浸出渣或阳极泥中的走向与富集，寻找少量回收的可能。

7.1.6 稀土及铋、锰等伴生元素没有回收价值

攀西钒钛磁铁矿中的稀土元素属于轻稀土，稀土总量在0.007%～0.115%之间，其中两个矿区钇的测试结果表明，钇含量更低。相对于四川冕宁稀土矿含量（1%～5%），攀西钒钛磁铁矿中稀土矿含量低几个数量级。对各种选矿产品分析测试后的结果表明，稀土元素没有富集的渠道，很难做到经济有效地回收。应当注意的是，稀土元素作为杂质，会对钛白粉的生产过程有一定的影响。因为稀土元素中的一些变价元素，在湿法冶金过程中，会造成一些工艺条件的变化，应予以重视。

其他钒钛磁铁矿中的共伴生元素如铋、锰等没有明显的富集趋势，不具备回收价值。

7.2 提高钒钛磁铁矿共伴生资源利用水平的建议

7.2.1 深化调研工作，寻求共伴生元素回收利用新途径

深化调研工作，查明共伴生元素在冶炼、深加工过程中的走向与富集点，寻求回收利用途径。

目前我国新兴产业所需要的稀有稀散元素，如镓、锗、镉、铋、硒、碲、钪等，大部分来自有色金属矿产加工，提取途径又大多数来自生产过程中的各种冶炼渣、浸出渣、除杂渣及各种烟尘或各种废液中。本次调研结果说明，有些元素在钒钛磁铁矿原矿中的含量与在有色金属矿产中的含量相近，但在黑色冶金中没有得到利用。其原因一方面可能由于行业的局限，另一方面是从专业上对这些共伴生元素在钢铁生产为主导的工艺流程中的分布富集规律没有足够的认识。本次调研比较系统地查清了共伴生元素在原矿、脉石、各种选矿产品、各种尾矿中的分布和含量。如果在此基础上继续开展共伴生元素在冶炼和深加工各个环节中的分布与含量研究，查明富集点，一定还会有新的认识。参照有色冶金中共伴生元素综合回收的思路，某些有挥发性的元素如锗可能会在各类烟尘中有所富集；有些元素如镓、钪会在某种废渣或废液中得到集中。因此建议继续扩展此项工作，可能会使这些共伴生元素得到回收和利用。

7.2.2 调整产业结构，鼓励多工艺并存

调整产业结构，鼓励多种生产工艺并存，以利科学高效利用共伴生资源。

攀西钒钛磁铁矿是我国重要的多金属战略资源，不仅是超过百亿吨的超大型铁矿资源基地，同时是目前最大的钛、钒资源基地。由于矿石性质的限制，在以钢铁为主导的生产工艺中，钛和钒的回收利用率不高。但是在市场需求和经济效益可行的情况下，我国工程科技人员已经正在研发或成功研发了以钛为主导的各种直接还原、直接冶炼流程，以钒为主导的先提钒工艺，可做到最大限度地提高钛和钒的资源利用率。

为此，我们建议，在攀西地区开发规模如此巨大、成分如此复杂的多金属资源宝库不应局限于一种流程、一种方法，应按照市场优化配置资源的原则，在不断优化现有高炉—提钒—炼钢—轧钢流程，生产优质钢、特殊钢，最大限度地提高钒、钛等资源利用水平的同时，要鼓励研发多种形式的直接还原—电炉熔分—提钛、提钒的工艺；在钒产品的市场需求旺盛，经济价值高的情况下，也可以适当发展先提钒、后炼铁的工艺，可以局部提高钒的回收利用率，提高产量，提高经济效益。

7.2.3 资源综合利用工作常抓不懈

把加强共伴生资源综合利用水平的任务作为系统工程常抓不懈。

攀西钒钛磁铁矿中共伴生元素达20余种，其总储量巨大，是难得的多金属资源宝库。但共伴生资源回收利用的可能和限度涉及其在矿石中赋存状态和含量，也与矿产开发的总体工艺流程密切相关，取决于各种共伴生成分在生产流程各个阶段的产物、副产物、废渣、废水的走向与分配率，也涉及市场的需求和价格的高低。

因此，钒钛磁铁矿的开发利用，目前已达到很高的水平，取得了巨大的成就，但共伴生资源的利用率还没有达到人民的希望值，需要继续努力。显然，提高资源利用水平是一个涉及多方面的系统工程，要立足于国家的产业布局和产业结构的调整，要从社会需求总体战略的高度，科学引导技术创新、技术攻关。如根据我国资源特点、市场对钛的需求形势，安排调整高炉流程与直接还原流程的比例，适度鼓励各种直接还原工艺的发展，以补充钛资源的不足。应从国家高度统筹黑色金属与有色金属中共伴生资源的利用发展方向与比例等。这样的系统工程不可能一蹴而就，必须持之以恒、常抓不懈。

初步建议对以下方面的课题加强技术研发与攻关，以提高共伴生资源的利用水平：

（1）攀西地区钒钛磁铁矿合理利用工业布局及流程结构优化调整的宏观调

控研究。根据各矿区资源特点及矿石性质差异，结合国家需求，研究适当安排布局以钛为主或以钒为主的直接还原、直接冶炼或先提钒流程，作为高炉流程重要补充的可能与可行性。初步提出具体布局的合理建议。

（2）深化攀西钒钛磁铁矿共伴生组分资源综合利用潜力调查研究。从地质找矿潜力、提取利用技术的发展态势、市场需求等方面在调查研究基础上对钒钛磁铁矿资源综合利用潜力做出具有时空概念的科学分析。当前可在本研究成果的基础上，深入开展各共伴生组分在冶炼和深加工过程中的富集、分布规律的研究。

（3）加强当前生产工艺的优化提升，加强高效清洁采矿、选矿成套技术及设备研究与推广。力争缩小目前攀西各矿山企业之间生产工艺、生产设备的差距，共伴生资源利用水平有很大的提升空间。

（4）支持非高炉冶炼（转底炉、隧道窑、流态化床等）直接还原，提高铁、钒、钛综合利用率的新技术、新方法、新设备的研发。

（5）推广-40μm的微细粒级钛铁矿选矿回收技术，继续坚持对-20μm的微细粒级钛铁矿选矿回收技术的攻关。

（6）加强高炉渣利用技术的攻关和产业化。注意高炉渣利用中的综合利用，如在回收钛的同时，寻求高炉渣中镓的富集渠道和利用可能，以求降低加工成本。

（7）攀西钒钛磁铁矿中硫钴精矿整合开发，集中深加工、综合利用新途径新方法的研究。研究整合开发，集中深加工，规模生产，提高钴、镍、铜利用率的同时寻求硒、碲等其他共伴生元素回收利用技术，降低成本，增加利用效益的可能和方式。

（8）攀西钒钛磁铁矿中钪的工业用途的开发和高效回收提取工艺的研究。

（9）加强钒在高炉冶炼中还原富集机理的基础研究，探求提高钒在铁水中还原富集率的可能与限度。

（10）攀西钒钛磁铁矿中铬的回收提取技术研究，注重综合回收铬的产品结构，进行综合回收产品生产各类铬铁合金用于钢铁生产的技术研发，为红格矿中伴生铬的工业利用奠定基础。不断地提高钒钛磁铁矿中各种有益成分在新能源、新材料、新兴科学领域中利用技术的开发研究，使攀西钒钛磁铁矿在社会经济发展中发挥更大的作用。

攀西钒钛磁铁矿共伴生资源的合理利用一直是人们十分关注的重大课题。本工作虽然获取了一批可贵的基础数据，填补了某些空白，对共伴生资源利用潜力做出了有说服力的论证和分析，但仅仅是一次尝试，有了一个良好的开端。解决攀西钒钛磁铁矿共伴生资源的合理利用问题，是一个复杂的系统工程，任重道远。本书的工作有许多不足与局限，只求得到更多人的关注，把攀西钒钛磁铁矿共伴生资源的保护与科学、合理利用推向一个新的高度。

参考文献

[1] 本书编委会. 矿产资源工业要求手册 [M]. 北京：地质出版社，2010.

[2] 吴本羡，孟长春，等. 攀枝花钒钛磁铁矿工艺矿物学 [M]. 成都：四川科学技术出版社，1998.

[3] 刘亚川，丁其光，等. 中国西部重要共伴生矿产综合利用 [M]. 北京：冶金工业出版社，2008.

[4] 朱训，等. 中国矿情（第2卷）[M]. 北京：科学出版社，1999.

[5] 国土资源部信息中心. 世界矿产资源年评（2005~2006）[M]. 北京：地质出版社，2007.

[6] 国土资源部信息中心. 世界矿产资源年评（2008~2009）[M]. 北京：地质出版社，2010.

[7] 国土资源部信息中心. 世界矿产资源年评（2013）[M]. 北京：地质出版社，2013.

[8] 王吉坤，冯桂林. 铅锌冶炼生产技术手册 [M]. 北京：冶金工业出版社，2012.

[9] 沈明伟，朱昌洛，等. 一种铝钙合金热还原制备铝钪中间合金的方法：中国，ZL201110138737.6 [P]. 2011-10-19.

[10] 朱昌洛，沈明伟，等. 钙热还原法制备铝钪中间合金的方法：中国，ZL201110138740.8 [P]. 2011-10-19.

冶金工业出版社部分图书推荐